信息科学技术学术著作丛书

基于深度学习的图像处理

吴 兰 著

科 学 出 版 社
北 京

内 容 简 介

本书主要介绍作者近年来在深度学习与图像处理等方面的研究成果，包括图像去模糊、视频信息缺失补全、图像分类识别、图像领域自适应、多源跨域图像迁移学习相关理论和方法，用到的模型主要包括多尺度编解码深度卷积神经网络、多尺度特征金字塔网络、双判别器生成对抗网络、渐进增长生成对抗网络、贝叶斯正则化深度卷积神经网络、深度对抗域自适应网络、深度加权子域自适应网络等。

本书可作为模式识别与智能系统专业研究生的教学参考书，同时对从事深度学习及图像处理技术研究、开发和应用的科技人员也具有一定的参考价值。

图书在版编目（CIP）数据

基于深度学习的图像处理 / 吴兰著. —北京：科学出版社，2024.1
（信息科学技术学术著作丛书）
ISBN 978-7-03-076356-3

Ⅰ. ①基… Ⅱ. ①吴… Ⅲ. ①图像处理软件 Ⅳ. ①TP391.413

中国国家版本馆 CIP 数据核字（2023）第 177644 号

责任编辑：张艳芬 / 责任校对：崔向琳
责任印制：赵 博 / 封面设计：无极书装

科 学 出 版 社 出版
北京东黄城根北街 16 号
邮政编码：100717
http://www.sciencep.com
北京市金木堂数码科技有限公司印刷
科学出版社发行 各地新华书店经销
*
2024 年 1 月第 一 版 开本：720×1000 1/16
2024 年 9 月第二次印刷 印张：7
字数：141 000

定价：98.00 元

（如有印装质量问题，我社负责调换）

“信息科学技术学术著作丛书”序

21 世纪是信息科学技术发生深刻变革的时代，一场以网络科学、高性能计算和仿真、智能科学、计算思维为特征的信息科学革命正在兴起。信息科学技术正在逐步融入各个应用领域并与生物、纳米、认知等交织在一起，悄然改变着我们的生活方式。信息科学技术已经成为人类社会进步过程中发展最快、交叉渗透性最强、应用面最广的关键技术。

如何进一步推动我国信息科学技术的研究与发展；如何将信息技术发展的新理论、新方法与研究成果转化为社会发展的推动力；如何抓住信息技术深刻发展变革的机遇，提升我国自主创新和可持续发展的能力？这些问题的解答都离不开我国科技工作者和工程技术人员的求索和艰辛付出。为这些科技工作者和工程技术人员提供一个良好的出版环境和平台，将这些科技成就迅速转化为智力成果，将对我国信息科学技术的发展起到重要的推动作用。

“信息科学技术学术著作丛书”是科学出版社在广泛征求专家意见的基础上，经过长期考察、反复论证之后组织出版的。这套丛书旨在传播网络科学和未来网络技术，微电子、光电子和量子信息技术、超级计算机、软件和信息存储技术、数据知识化和基于知识处理的未来信息服务业、低成本信息化和用信息技术提升传统产业，智能与认知科学、生物信息学、社会信息学等前沿交叉科学，信息科学基础理论，信息安全等几个未来信息科学技术重点发展领域的优秀科研成果。丛书力争起点高、内容新、导向性强，具有一定的原创性，体现出科学出版社“高层次、高水平、高质量”的特色和“严肃、严密、严格”的优良作风。

希望这套丛书的出版，能为我国信息科学技术的发展、创新和突破带来一些启迪和帮助。同时，欢迎广大读者提出好的建议，以促进和完善丛书的出版工作。

中国工程院院士

原中国科学院计算技术研究所所长

前　言

随着信息化与智能化的不断发展与深度融合，图像、视频等数据规模日益猛增，深度学习逐渐成为图像处理的主流方法。然而，基于深度学习的图像处理，存在图像低质、样本不完备、标签稀少、领域多样、分布不一致等问题，制约深度学习在图像处理中的应用。

针对上述问题，本书基于团队科研成果，围绕图像去模糊、视频信息缺失补全、图像分类识别、图像领域自适应、多源跨域图像迁移学习展开。全书共 5 章。第 1 章介绍基于深度学习的图像去模糊方法；第 2 章介绍基于生成对抗网络的视频信息缺失补全方法；第 3 章介绍基于卷积神经网络的图像分类识别方法；第 4 章介绍基于深度神经网络的图像领域自适应方法；第 5 章介绍基于深度学习的多源跨域图像迁移学习方法。本书力争从深度学习与图像处理的前沿出发，为读者带来前瞻性的视角。章节安排由浅入深，在模型概述和发展的基础上有序展开，内容涵盖更为广泛，模型讨论较为深入，应用实践力求细致，希望为读者入门学习及深入钻研提供一定帮助，力争推动相关理论与应用创新，助力相关行业的智能化发展。

本书得到了国家自然科学基金项目等的支持，作者在此表示衷心的感谢。感谢书中所有被引用文献的作者。李斌全、王涵、郭鑫、范晋卿、高天、陶平平、李崇阳、韩晓磊、张亚可、杨攀等参加了本书部分章节的撰写、文字录入和修改工作，谨向他们表示衷心的感谢。

由于作者理论水平有限以及研究工作的局限性，特别是深度学习理论本身正处在不断发展之中，书中难免存在一些不妥之处，希望读者不吝赐教，我们将不胜感激。

作　者

目　　录

第1章 图像去模糊方法

图像去模糊的最终目的是复原出具有边缘结构和细节的清晰图像。传统的图像去模糊首先假设原始图像的先验知识和模糊核，然后通过各种数学模型估计最优的模糊核，最终根据模糊机理逆运算估计得出原始图像。然而，这些方法通常存在复杂度高、计算量大且复原结果不佳等问题。

本章提出一种多尺度编解码深度卷积神经网络结构。首先，使用循环多尺度编解码网络作为生成器模块，在编解码器内部的普通残差块和多尺度残差块基础上构建一种自适应多尺度残差块(adaptive multi-scale residual block，AMSRB)，不但可以减少网络参数量，而且可以提升网络的非线性映射能力。然后，在编解码网络中采用跳跃连接的方式，为复原结果提供更加丰富的细节信息。最后，通过计算每层网络对应的 L_2 损失，确保去模糊后的图像更加真实。通过在数据集上实验，验证该方法可以高质量地对模糊图像进行复原。

同时，考虑到图像从模糊到清晰是一个信息量递增且需要逐步优化的过程，本章进一步提出一种多尺度和多特征融合的特征金字塔网络进行图像去模糊。生成器部分基于特征金字塔网络，先进行特征提取再进行上采样，最终进行特征融合，从而充分提取图像的有效特征。损失函数部分个性化引入多尺度结构相似性损失，进一步提升图像去模糊能力。实验结果表明，采用该方法处理后的图像在多项评价指标上都高于近些年的主流方法，能够较好地复原出细节和纹理清晰的优质图像。

1.1 多尺度编解码深度卷积神经网络图像去模糊

1.1.1 图像特征提取模块

1. 残差模块

随着网络深度的加深，在提高去模糊性能的同时也增加了一些挑战，如增加训练难度、弱化优化器对网络的优化性能等。残差通常指实际观察值与估计值之间的差值。相比于传统的卷积模块，残差模块 Resblock[1] 的主要贡献在于快捷连接和恒等映射，使原始输入信息可以直接传输到后面的层中。进行图像特征提取时，在网络不增加多余的参数和计算量情况下，网络深度越深，残差模块表达性能越好。残差网络结构如图 1-1 所示。

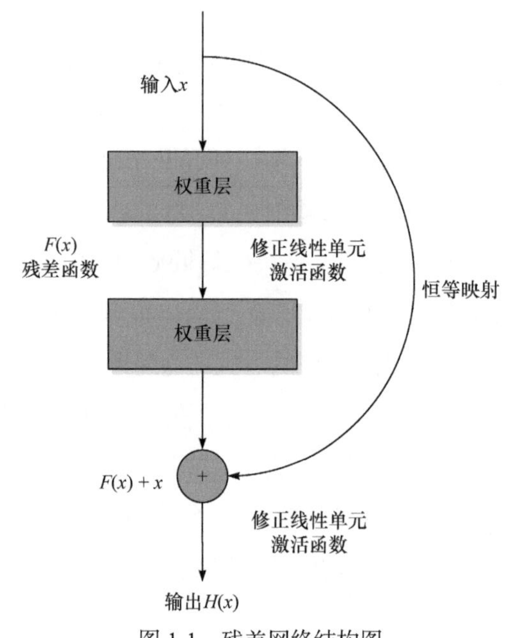

图 1-1　残差网络结构图

残差模块的输出和残差函数可以表示为

$$H(x)=F(x)+x \tag{1-1}$$

$$F(x)=H(x)-x \tag{1-2}$$

通过式(1-1)和式(1-2)，可以有效求解浅层到深层学习的特征。其中，x 为残差模块的输入；$F(x)$为残差模块学习的残差函数；$H(x)$为残差模块的输出。当 $F(x)=0$ 时，$H(x)=x$ 即恒等映射。残差模块一般选用 5×5 的卷积核，输出结果部分去掉修正线性单元(rectified linear unit，ReLU)激活函数。残差模块 Resblock 结构示意图如图 1-2 所示。

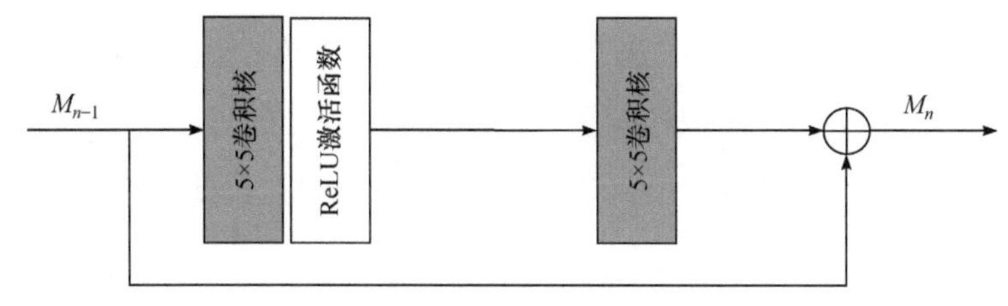

图 1-2　残差模块 Resblock 结构图

2. 多尺度残差模块

传统卷积神经网络使用单一的卷积核进行特征提取，获取的图像信息往往不够充分。为了在不增加深度的情况下，提取更多有效的特征信息。Li 等[2]提出一种多尺度残差块(multi-scale residual block，MSRB)。为了充分利用图像的特征，首先分别使用 3×3 和 5×5 不同大小的卷积核对不同尺度下的图像特征进行提取。然后将多尺度特征进行相互拼接，实现共享和重复使用。最后使用 1×1 的卷积核来消除输出特征包含的大量冗余信息，有效减少计算的复杂度。MSRB 整体结构图如图 1-3 所示。这种多尺度的残差模块使用不同大小的卷积核意味着获得不同大小的感受野。不同尺度的信息融合有利于全局和局部特征信息的共同捕捉，可以恢复出质量更高的图像。

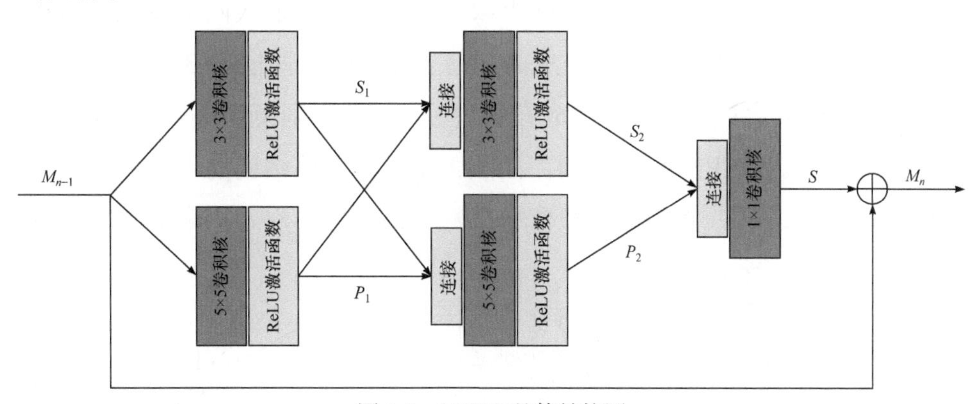

图 1-3　MSRB 整体结构图

当 $n=1$ 时，输入首先经过 M_0 分成上下两个分支，上边和下边分别是 3×3 和 5×5 的卷积核。然后将两部分的输出串接在一起，作为后部分网络的输入，此时特征图的通道数增加两倍。重复上述操作，得到的通道数是最初的 4 倍，但是使用残差的思想必须保持输入的输出通道数相同。因此，网络在后端使用 1×1 的卷积核起到压缩特征通道数的作用，该层的输出与学习得到的残差进行相加，最后得到网络的输出 M_1，具体计算过程为

$$\begin{cases} S_1 = \sigma(\omega_{3\times3}^1 M_{n-1} + b_{3\times3}^1) \\ P_1 = \sigma(\omega_{5\times5}^1 M_{n-1} + b_{5\times5}^1) \\ S_2 = \sigma(\omega_{3\times3}^2 [S_1, P_1] + b_{3\times3}^2) \\ P_2 = \sigma(\omega_{5\times5}^2 [P_1, S_1] + b_{5\times5}^2) \\ S = \omega_{1\times1}^3 [S_2, P_2] + b_{1\times1}^3 \\ M_n = S + M_{n-1} \end{cases} \tag{1-3}$$

其中，S_i 和 P_i 为第 i 层卷积后的输出($i = 1, 2$)；$\sigma(x) = \max(0, x)$ 代表 ReLU 激活函数；$\omega_{j\times j}$ 和 $b_{j\times j}$ 分别为网络的权重和方差($j = 1, 3, 5$)，不同的下标对应不同大小的卷积核，上标表示权重所在的层数；M_{n-1} 和 M_n 分别为网络的输入和输出；局部残差学习使得深度网络训练变得简单且有利于图像的复原。

3. 优化多尺度残差模块

多尺度残差模块以多尺度特征提取为指导思想，加入两个特征连接操作来共享和重复使用特征信息。然而，上下分支经过两层 3×3 和 5×5 的卷积核后，通道数会成倍递增，造成参数过多、计算相对复杂等一系列问题。

本节提出 AMSRB 网络结构，如图 1-4 所示。该结构前半段共包含三个 1×1 卷积核，第一个 1×1 卷积核加在网络最前端，主要用来增加网络深

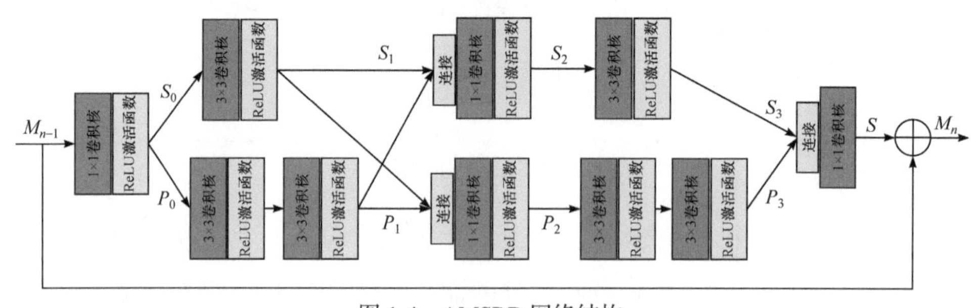

图 1-4 AMSRB 网络结构

度。中间两个 1×1 卷积核代替特征拼接操作，进行特征融合，减少网络参数量。另外，AMSRB 将一个 5×5 的卷积核用两个 3×3 卷积核代替。这种调整几乎不改变感受野，但可以有效减少计算量，提升网络的非线性表达能力，且在增加网络深度的同时使网络对多尺度输入具有更强的适应性。由于第二层、第四层分别具有多个相同模块，因此用 ω^{mn} 和 b^{mn} 表示所处第 m 层第 n 个模块的权重和方差。

具体计算公式为

$$
\begin{cases}
S_0 = P_0 = \sigma(\omega_{1\times1}^{1} C_1 + b_{1\times1}^{1}) \\
S_1 = \sigma(\omega_{3\times3}^{2} M_{n-1} + b_{3\times3}^{2}) \\
P_1 = \sigma[\omega_{3\times3}^{22} \sigma(\omega_{3\times3}^{21} M_{n-1} + b_{3\times3}^{21}) + b_{3\times3}^{22}] \\
S_2 = \sigma(\omega_{1\times1}^{3} [S_1, P_1] + b_{1\times1}^{3}) \\
P_2 = \sigma(\omega_{1\times1}^{3} [P_1, S_1] + b_{1\times1}^{3}) \\
S_3 = \sigma(\omega_{3\times3}^{4} S_2 + b_{3\times3}^{4}) \\
P_3 = \sigma[\omega_{3\times3}^{42} \sigma(\omega_{3\times3}^{41} P_2 + b_{3\times3}^{42}) + b_{3\times3}^{42}] \\
S = \omega_{1\times1}^{5} [S_3, P_3] + b_{1\times1}^{5} \\
M_n = S + M_{n-1}
\end{cases}
\tag{1-4}
$$

1.1.2　网络结构模型

1. 多尺度编解码整体网络结构

多尺度编解码深度卷积神经网络整体结构(图 1-5)由三层全卷积子网络组成的生成器和判别器两部分组合而成。每一级分别由编码器和解码器[3]两部分组成。从较小尺度开始逐步细化输出，网络的输入 B_3 、B_2 和 B_1 分别为 64×64 像素、128×128 像素、256×256 像素的模糊图像。每层的输出 I_3 、I_2 和 I_1 分辨率分别对应 64×64 像素、128×128 像素、256×256 像素。训练过程中，上一层网络的输出进行 2 倍上采样和下层分辨率相同的模糊图像共同作为后续网络的输入，在不同尺度上的详细定义可以表示为

$$
I^i, h^i = \text{Net}_{\text{MS}}(B^i, I^{i+1\uparrow}, h^{i+1\uparrow}; \theta_{\text{MS}})
\tag{1-5}
$$

其中，i 表示不同的网络尺度；$i=1$ 表示精尺度；$i=2$ 表示中间尺度；$i=3$ 表示粗尺度；B^i 和 I^i 分别表示第 i 尺度输入的模糊图像和复原结果；Net_{MS} 表示多尺度编解码网络；θ_{MS} 表示训练的参数；h^i 表示隐含层状态特征，用来获得高层图像结构和内部信息；$\uparrow$ 表示从第 i 尺度调整到第 $i+1$ 尺度的算子。

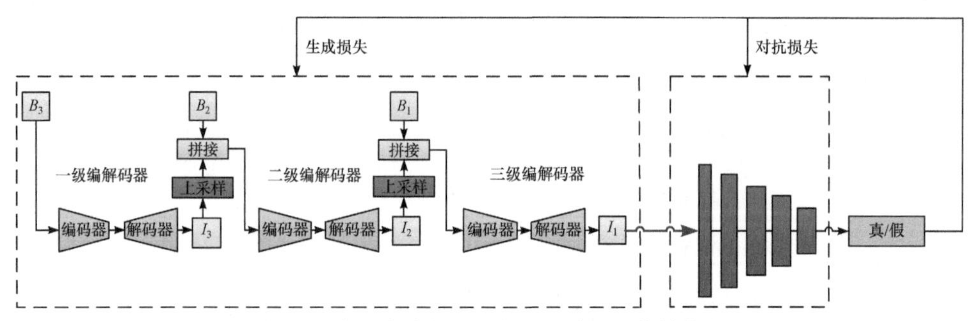

图 1-5 多尺度编解码深度卷积神经网络结构图

多尺度编解码器经过三级网络结构生成的复原图像 I_1 送到判别器进行整体真假判断。判别结果通过反向调参反馈给生成器部分，经过多次针对性训练，使生成器生成质量更高的清晰图像。

2. 多尺度编解码生成器模型

本节采用多尺度编解码作为网络的生成器模块，网络结构如图 1-6 所示。编解码器由三个编解码模块组成。每个编码模块包括一个卷积层和三个 AMSRB。对该部分进行图像特征提取，得到主要的图像内容信息，进而去除模糊。每个解码模块与编码模块一一对应，由三个 AMSRB 和一个反卷积层组成。这主要用来恢复图像的内容细节信息，使图像复原结果更加真实可靠。由于网络结构相对较深，为了防止梯度消失、梯度爆炸等现象的发生，在编解码网络中每间隔一个特征提取模块，添加一条跳跃连接。该设置在提取特征的同时保留原始图像信息，不仅加速网络的收敛还有助于清晰图像的复原。为了进一步保证模糊图像的去除效果，网络不同尺度之间的连接通常采用深度递归模块予以实现，但在实际设计中，具有很大的灵活性[4]，如长短期记忆(long short-term memory，LSTM)网络[5]和门控递归单元(gated recurrent unit，GRU)[6]也可以用于深度递归模块的构建。本

节网络结构可以表示为

$$f^i = \text{Net}_{\text{EN}}(B^i, I^{i+1\uparrow}; \theta_{\text{EN}}) \tag{1-6}$$

$$h^i, g^i = \text{ConvGRU}(h^{i+1\uparrow}, f^i; \theta_{\text{GRU}}) \tag{1-7}$$

$$I^i = \text{Net}_{\text{DE}}(g^i; \theta_{\text{DE}}) \tag{1-8}$$

其中，Net_{EN} 和 Net_{DE} 分别表示带有参数 θ_{EN} 和 θ_{DE} 的编码器和解码器网络；ConvGRU 表示卷积门控递归单元；θ_{GRU} 表示 ConvGRU 的参数集；隐含层状态 h^i 可以获取中间结果的有用信息。该参数往往传递到较精细的尺度中，用来在下一尺度上进一步提升去模糊效果。分别输入不同尺度下的模糊图像 B_3、B_2、B_1，每层网络计算复原结果 I_3、I_2、I_1 和相同分辨率清晰图像 S_3、S_2 和 S_1 的 L_2 损失。最终得到 256×256 像素的清晰图像为最终复原结果。

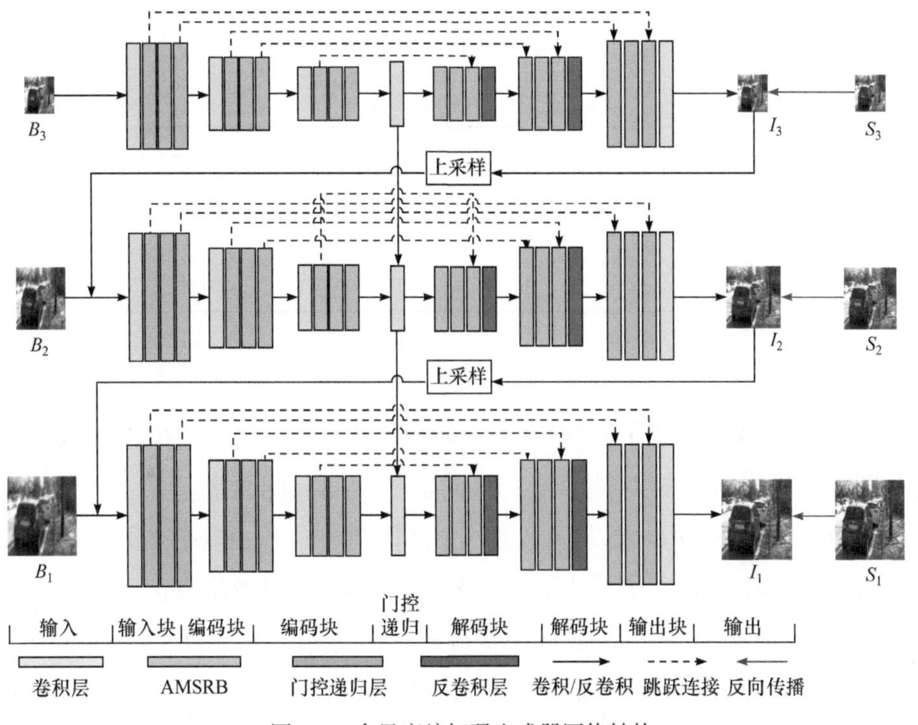

图 1-6　多尺度编解码生成器网络结构

3. 判别器模型

判别器网络采用 PatchGAN[7]鉴别器进行训练，如图 1-7 所示。该判别器更加注重图像的局部高频细节信息。将输入映射为 $N \times N$ 的小块矩阵，该矩阵可以理解为卷积层输出的特征图。判别器参数如表 1-1 所示，前四个卷积块分别由卷积层、批量归一化层和斜率为 0.2 的 Leaky ReLU 激活函数组成。判别器采用 Sigmoid 激活函数产生概率为 0～1 的综合判别输出。取 $N = 60$，可以减少网络的参数量，提升运算速度，使高度非均匀模糊图像，尤其是包含复杂目标运动的模糊图像能更加接近真实的复原。

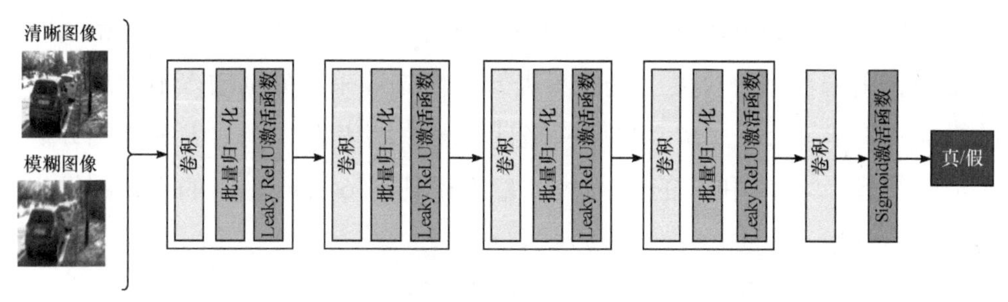

图 1-7　判别器网络结构

表 1-1　判别器参数

参数类型	卷积					Sigmoid 激活函数
卷积核	4×4	4×4	4×4	4×4	4×4	—
步长	2	2	2	2	1	—
通道数	64	128	256	512	1	—

4. 模型损失函数

模型损失函数决定了整体网络结构的学习目标。合理的损失函数使网络在训练过程中进行针对性学习，从而生成预期目标图像。

本节网络模型中，损失函数部分由对抗损失 L_{adv} 和多尺度内容损失 L_{cont} 构成。两部分损失函数引导生成器更好地进行清晰化校正。其中，对抗损失 L_{adv} 部分用于约束生成的图像样本尽可能清晰和真实。多尺度内容损失 L_{cont} 使用 L_2 损失代替，倾向于产生和原始清晰图像相似的像素空间输出，保证生成图像和输入图像在内容上尽可能一致。总体损失函数 L_{total} 定义为

$$L_{total} = \lambda L_{adv} + L_{cont} \tag{1-9}$$

其中，λ 为权重系数。通过实验对比分析，这里取 $\lambda=10^{-4}$ 。

对抗损失 L_{adv} 本质上是生成对抗网络自身的损失函数。生成对抗网络的主要目的是得到比卷积神经网络更优的模糊图像复原效果。为了使训练过程更好地收敛，采用文献[8]中的 Wasserstein 距离作为对抗损失。用该模型的 Wasserstein 距离 $W(q,p)$去估计 Jensen-Shannon 散度[9]，对每个独立的样本施加梯度惩罚，达到目前稳定性最强的训练效果，对抗损失 L_{adv} 函数表达式为

$$L_{\text{adv}}=\sum_{n=1}^{N}(-D(G(I_n^B))) \tag{1-10}$$

其中，N 为模糊图像的数量；I_n^B 为输入的第 n 张模糊图像；$G(I_n^B)$ 为生成图像；$D(\cdot)$ 为判别模型的输出。

内容损失函数在图像清晰化校正中起到约束图像内容生成的作用，使生成的样本在内容上不偏离原始图像，得到与人眼视觉体验相近的复原结果。模糊图像清晰化校正本质上属于回归问题。针对回归问题，通常使用的损失函数为 L_1 损失函数和 L_2 损失函数。

L_1 损失也称平均绝对误差(mean absolute error，MAE)，用来计算目标清晰图像 S 和生成图像 $G(I_n^B)$ 两张图像对应像素点之间绝对差值的总和，即

$$L_1(G(I_n^B),S)=\frac{1}{N}\sum_{n=1}^{N}\left[\frac{1}{C\times H\times W}\left\|G(I_n^B)-S\right\|_1\right] \tag{1-11}$$

其中，C、H 和 W 分别代表原始清晰图像和复原结果的通道数、图像的高和宽。

L_2 损失也称均方误差(mean square error，MSE)，用来计算目标清晰图像 S 和生成图像 $G(I_n^B)$ 两张图像对应像素点之间差值的平方和，即

$$L_2(G(I_n^B),S)=\frac{1}{N}\sum_{n=1}^{N}\left[\frac{1}{C\times H\times W}\left\|G(I_n^B)-S\right\|_2^2\right] \tag{1-12}$$

通过实验对比分析可以发现，采用 L_1 损失函数复原后的图像依然存在局部模糊、边缘有扭曲变形和锐化不自然的情况。采用 L_2 损失函数复原后

的图像不仅收敛速度相对较快，而且能够得到较为清晰的复原结果。

峰值信噪比(peak signal to noise ratio，PSNR)作为复原图像质量评估的评价指标之一，也就是尽可能使生成图像在像素分布上无限接近原始清晰图像。因此，我们在从粗到精的每一个尺度上都采用 L_2 损失函数，计算生成图像与原始清晰图像之间的距离，进而更有针对性地约束生成器，从而生成内容上更加符合要求的高质量图像。多尺度内容损失函数表达式为

$$L_{\text{cont}} = \sum_{i=1}^{n} \frac{K_i}{N_i} \left[\frac{1}{C \times H \times W} \left\| I_i - S_i \right\|_2^2 \right] \tag{1-13}$$

其中，I_i 和 S_i 分别为第 i (i=1, 2, 3)层多尺度编解码网络的复原结果和与之对应尺寸的原始清晰图像；K_i 为每个尺度上的权重；N_i 为在第 i 尺度图像上所有通道的像素个数。

1.1.3 实验与分析

1. 实验设置

实验在 Linux 操作系统下基于 TensorFlow[10]深度学习框架实现。所使用的硬件环境配置如表 1-2 所示。

表 1-2　实验硬件环境配置

硬件名称	型号/参数	数量
显卡内存	11GB	1
主板型号	Z10PE-D16 WS	1
CPU 型号	Intel Xeon E5-2618Lv3	1
硬盘	Logical Volume/HGST HUS722T2TAL	1

考虑到样本数据量相对较小，初始学习率设置为 0.0001，采用指数衰减法逐步减小学习率，衰减系数设为 0.3。采用自适应矩估计优化器来对损失函数进行优化，参数 β_1 和 β_2 为指数衰减率，分别控制权重的分配和梯度平方的影响。参数 ε 主要为了避免除数为零情况的发生。本书令 $\beta_1 = 0.9$ 、$\beta_2 = 0.999$ 、$\varepsilon = 10^{-4}$ ，将批量大小设置为 1。当训练到 2000 轮

时，学习率会衰减至1×10^{-6}，此时网络达到收敛状态。

2. 多尺度结构分析

为了分析不同尺度下网络模型去模糊的具体效果，分别使用 1 个尺度、2 个尺度、3 个尺度的网络模型。在多尺度内容损失即式(1-13)中，损失函数等级 i 分别取 1、2、3 时，在 GoPro 数据集[12]的道路场景上进行清晰化校正对比。不同尺度可视化对比如图 1-8 所示。

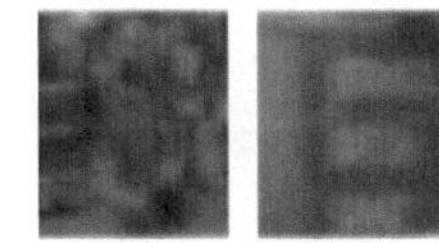

(a) 模糊图像

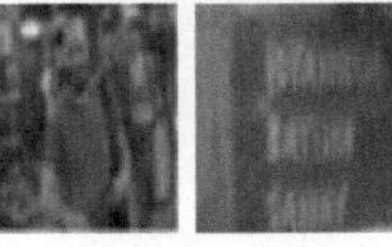

(b) 1个尺度

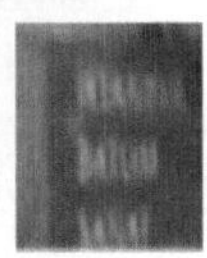

(c) 2个尺度

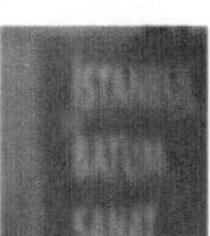

(d) 3个尺度

图 1-8　不同尺度可视化对比

不同尺度性能比较如表 1-3 所示。当尺度个数为 3 时，PSNR、结构相似性(structural similarity，SSIM)和平均主观意见分(mean opinion score，MOS)三项指标达到最高值。在图 1-8(b)中，在 1 个尺度下行人和字符的复原细节依旧相当模糊，无法清晰识别，放大区域有明显伪影存在。从图 1-8(c)中可以发现，2 个尺度下去模糊效果有一定提升，但行人放大区域边缘模糊依然存在。在图 1-8(d)中，3 个尺度下图像复原的整体轮廓和细节特征得到较好的恢复，视觉效果相比较小尺度网络有较大提升。

表 1-3　不同尺度性能比较

尺度个数	PSNR	SSIM	MOS	时间/s
1	27.23	0.8933	3.11	1.15
2	28.35	0.9032	3.52	1.39
3	29.74	0.9316	3.86	2.07

3. MSRB 分析

为了验证优化 MSRB 去模糊性能，多尺度编解码网络中的编解码部分分别使用经典残差块、MSRB 和 AMSRB，并且在相同的实验平台上进行实验对比。为了节约训练时间，统一在单一尺度上进行实验，不同模块复原结果如图 1-9 所示。

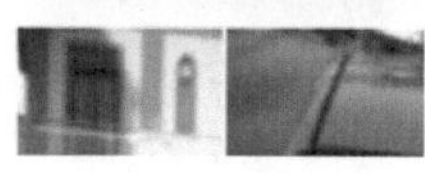

(a) 模糊图像　(b) 经典残差块　(c) MSRB　(d) AMSRB

图 1-9　不同模块复原结果

各模块性能如表 1-4 所示。

表 1-4　各模块性能

模块	PSNR	SSIM	MOS	时间/s
经典残差块	26.38	0.7814	3.01	0.85
MSRB	27.05	0.8192	3.06	1.42
AMSRB	27.23	0.8933	3.11	1.15

通过 AMSRB 进行特征提取得到的图像清晰度相较于其他两种模块有较大的提升。表 1-4 结果表明，AMSRB 模块得到的图像复原结果评价指标最高。该模块的计算量相对较小，运算速度比 MSRB 提高 19%，因此能够满足智慧交通道路监管部门对实时去模糊的需求，具有更优的复原性能。

4. 实验结果对比分析

GoPro 数据集在图像去模糊领域是常用且经典的数据集。该数据集包含车辆、行人和街景等，共有分辨率为 720×1280 像素的 3214 对模糊清晰图像。数据集被分为训练和测试两部分。训练时将数据集剪裁为 256×256

像素的图像块，采用由粗到精的训练思路，上一层网络模糊图像的复原结果上采样作为下一层网络的输入。网络共分为三个等级，分辨率分别为 64×64 像素、128×128 像素和 256×256 像素。测试时保持原始图像尺寸大小不变，采用全卷积神经网络直接进行清晰化复原。

为了对本书网络模型进行对比分析，使用 GoPro 数据集中道路交通下的场景与文献模型(即 DeblurGAN 方法[11]和 SRN-DeblurNet 方法[12])的复原结果进行对比，如图 1-10 所示。几种不同模糊复原方法的评价结果如表 1-5 所示。结果表明，本节方法在道路交通数据集上的去模糊性能比 DeblurGAN 方法和 SRN-DeblurNet 方法有较大提升。图中自左向右依次为场景 1、场景 2 与场景 3。相比于 DeblurGAN 方法和 SRN-DeblurNet 方法，本节方法相对于场景 2 也有一定改善。图像的局部细节和整体轮廓得到较好的复原，DeblurGAN 方法和 SRN-DeblurNet 方法得到的图像仍较为平滑。场景 3 放大区域去模糊后的图像伪影明显减少，在去除模糊的同时边缘细节得到较清晰地复原。

由表 1-5 可以看出，本节方法用在 3 个测试集场景下都可得到较高的评价指标。相比于 DeblurGAN 方法和 SRN-DeblurNet 方法，PSNR 平均值

(a) 模糊图像

(b) DeblurGAN方法

(c) SRN-DeblurNet方法

(d) 本节方法

图 1-10　GoPro 数据集上去模糊效果对比(一)

分别提高 8.3%和 2.8%，SSIM 平均值分别提高 11.5%和 5.9%，MOS 平均值分别提高 5.5%和 3.8%。

表 1-5　图像质量评价结果(一)

实验类型	DeblurGAN 方法			SRN-DeblurNet 方法			本节方法		
	PSNR	SSIM	MOS	PSNR	SSIM	MOS	PSNR	SSIM	MOS
第一组	27.31	0.782	3.52	28.62	0.816	3.71	29.54	0.903	3.94
第二组	27.04	0.791	3.65	28.75	0.827	3.65	29.31	0.855	3.81
第三组	27.16	0.766	3.69	28.55	0.821	3.69	29.45	0.851	3.71

5. 真实场景数据集测试

许多经典去模糊网络模型应用到实际模糊图像往往不能取得令人满意的结果。为了验证本节设计的网络模型在真实场景下的去模糊性能，我们从网络上搜集了不同道路场景下的模糊图像(道路交通模糊图像公共数据集相对较少)。使用预训练好的 Yolo-v3[13]模型进行目标检测，若图像越清晰，则车辆被检测出的概率越大，如图 1-11 所示。

(a) 模糊图像　　(b) 本节方法

图 1-11　去模糊前后目标检测对比(一)

可以发现，编解码器网络处理后的道路交通图像清晰度得到明显提升，采用本节方法后车辆被检测到的概率也有所提高，下边场景中黑色汽车被检测到车辆的概率从 0.506 提升到 0.715，表明了在不同真实道路交通场景去模糊的有效性。

1.2　多尺度特征金字塔网络图像去模糊

1.2.1　特征金字塔网络原理

利用网络对图像信息进行特征提取时，金字塔结构中不同次数的卷积处理就可以得到不同的特征层信息。图 1-12 为四种不同的多维度特征组合方法。

图 1-12(a)使用同一图像的不同尺寸来构建一个图像金字塔，不同尺寸的图像生成不同尺寸的特征。检测的精度良好，但对计算机的计算能力和内存大小都有较高要求。

图 1-12(b)使用单一维度的图像作为输入，经过多层特征提取后仅采用顶层单个特征图进行预测。该方法计算相对简单，使用普通计算机就能满足运算要求，但特征未被充分使用，图像中较小目标的检测性能不够精确。

图 1-12(c)中当单一维度的图像作为输入时，目标检测实际不仅需要采用最高层的单个特征进行预测，还需要有针对性地选择低层特征进行辅助，将所选的特征进行简单合并共同作为最终的输出。使用不同深度的特

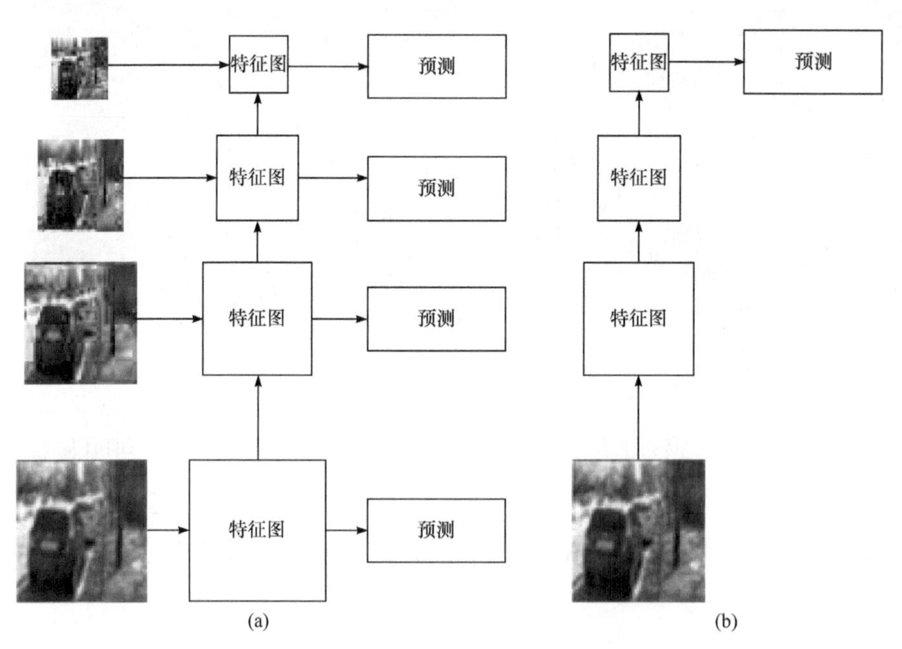

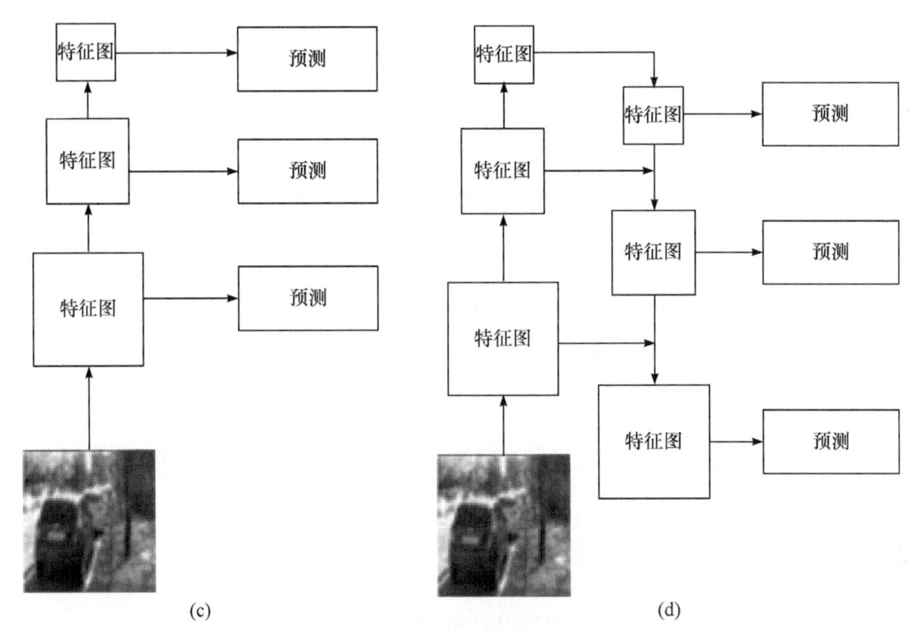

图 1-12　四种不同的多维度特征组合方法

征学习相同的语义信息时，虽然达到了检测目的，但往往没有用到足够低层的特征，获得的特征都是一些弱特征，鲁棒性较差。

图 1-12(d)输入一张模糊图像，基于先特征提取后上采样最终进行特征融合的策略，将特征联合起来作为最终的特征组合输出。根据不同尺度图像的低层特征具有高分辨率、高层特征具有强语义信息的特点，采用特殊的网络连接设计，能够大幅度提升目标检测的精确度。

本节将特征金字塔原理应用在图像处理领域，根据图 1-12(d)进行模糊图像清晰化复原。中间部分首先自上而下将抽象且语义信息较强的高层特征图进行上采样，然后与自底向上具有相同尺寸的特征图横向连接，其计算速度较快且更有利于图像整体和细节的清晰化复原。

1.2.2　网络结构模型

1. 多尺度特征金字塔生成器模型

本节基于特征金字塔网络原理，提出多尺度和多特征融合的特征金字塔去模糊方法。该方法对多尺度特征金字塔生成器模块和多尺度判别器模块进行交替训练，达到平衡后，输入模糊图像就可以对其进行清晰化复原。

多尺度特征金字塔构成的生成器网络分为特征提取和特征融合两部分。采用 ResNet-101 模型对模糊图像进行多尺度特征提取。在网络前向传播计算过程中，图像依次经过 ResNet-101 网络的 5 个卷积层到达顶层，分别将不同等级的特征层记为 C_1、C_2、C_3、C_4、C_5，直接将 C_5 作为特征金字塔的最上层 M_5。通过自上而下的方式进行上采样操作，每层上采样后分别与卷积层中 C_4、C_3、C_2 相同尺寸的特征图进行融合，记为对应的 M_4、M_3、M_2。由于 C_1 层的空间维度较高，为了不影响网络的搭建效率，故上采样过程中不使用该层。

$$M_i = \begin{cases} 0, \quad i=1 \\ 2\times \text{upsample}(M_{i+1})+C_i, \quad i=2,3,4 \\ C_i, \quad i=5 \end{cases} \tag{1-14}$$

其中，upsample 表示对相应的特征图进行上采样。

自下而上的路径是由不同尺寸的残差结构组成的特征提取模块。自上而下的路径将抽象的强语义特征和丰富的细节特征融合。通过将高层特征图逐步 2 倍上采样还原成与自下而上各支路对应的分辨率，并与其逐像素点相加，保证每级的输出层都充分融合了多尺度和多语义强度的特征。采用 1×1 卷积核在不改变特征图尺寸大小的同时有效减小了特征图的个数，采用 3×3 的卷积核来模拟抗混叠滤波器，消除 2 倍上采样所产生的混叠效应对网络正常训练的影响。

特征提取后，需要将 5 个不同尺度的特征进行最终整合。首先将经过 3×3 卷积后的 P_5、P_4、P_3、P_2 分别进行不同倍数的上采样。然后将相同分辨率的特征进行逐个元素相加连接合并得到联合特征表示 F_4。合并后的特征再次进行 2 倍上采样得到 F_3，同理相同尺寸的 F_3 和 C_1 逐个元素相加并 2 倍上采样分别得到 F_2 和 F_1。另外，在模糊图像和预测的输出结果之间加入跳跃连接。最终使生成器模块更加精准地学习模糊和清晰图像之间的残差，输入模糊图像与残差之和为最终的复原图像。

2. 多尺度判别器模型

多尺度判别器是基于卷积神经网络搭建的，针对高度复杂的模糊图像，全局判别器 D_G 结合上下文信息从全局整体的角度进行图像真假判断。局部判别器 D_L 对尺寸为 64×64 像素的随机补丁进行操作，更加有助于判别器关注局部细节信息。另外，我们还对原始清晰图像和生成图像分别进行 2 倍和 4 倍下采样，在 128×128 像素和 64×64 像素多个尺度上训练判别器 D_{M1} 和 D_{M2}，更加严格地进行图像真假判断。通过及时反馈调参的方式来帮助生成器提升性能，使复杂的模糊图像能更加接近真实的复原。

全局判别器是由 6 个卷积块和 1 个全连接层组成的，中间四个卷积块分别由卷积层、通道归一化层和斜率为 0.2 的 Leaky ReLU 激活函数这三部分组成。当整体图像压缩至 256×256 像素作为输入时，以 1024 维向量作为输出，使用 5×5 大小的卷积核，步长设置为 2 用以降低图像的分辨率。多尺度判别器和局部判别器的网络结构设置和全局判别器比较相似，其中，利用判别器 D_{M1} 对 128×128 像素的图像对进行鉴别，利用判别器 D_{M2} 和 D_L 对 64×64 像素的图像对进行鉴别。全局判别器 D_G 参数表、多尺度判别器 D_{M1} 参数表、多尺度判别器 D_{M2} 和局部判别器 D_L 参数表如表 1-6～表 1-8 所示。

表 1-6 全局判别器 D_G 参数表

层	卷积核	步长	通道数
卷积	5×5	2	64
卷积	5×5	2	128
卷积	5×5	2	256
卷积	5×5	2	512
卷积	5×5	2	512
卷积	5×5	2	512
全连接	—	—	1024

表 1-7　多尺度判别器 D_{M1} 参数表

层	卷积核	步长	通道数
卷积	5×5	2	64
卷积	5×5	2	128
卷积	5×5	2	256
卷积	5×5	2	512
卷积	5×5	2	512
全连接	—	—	1024

表 1-8　多尺度判别器 D_{M2} 和局部判别器 D_L 参数表

层	卷积核	步长	通道数
卷积	5×5	2	64
卷积	5×5	2	128
卷积	5×5	2	256
卷积	5×5	2	512
全连接	—	—	1024

将图像的整体、局部以及下采样不同分辨率下判别器的输出连在一起，即可得到 2048 维向量。最后，网络使用 Sigmoid 激活函数来判断图像真假。

3. 模型损失函数

本节损失函数由对抗损失、感知损失和多尺度结构相似性损失三部分组成。对抗损失 L_{adv} 包含全局损失和局部损失。全局损失表示整个图像的损失，局部损失表示 64×64 像素局部图像的损失。采用感知损失 L_X 衡量两幅图像之间的差异。多尺度结构相似性(multi-scale structural similarity，MS-SSIM)损失 $L^{\text{MS-SSIM}}$ 用于产生和原始清晰图像高相似的像素空间输出。λ 和 β 表示损失函数之间的权重。总体损失函数 L 定义为

$$L = L_{adv} + \lambda L_X + \beta L^{\text{MS-SSIM}} \tag{1-15}$$

对抗损失 L_{adv} 使用 Wasserstein 距离 $W(q, p)$去估计 Jensen-Shannon 散度，对每个独立的样本施加梯度惩罚，对抗损失 L_{adv} 函数表达式为

$$L_{\mathrm{adv}}=\sum_{n=1}^{N}(-D(G(I_n^B))) \tag{1-16}$$

其中，I_n^B 表示输入的第 n 张模糊图像；$G(I_n^B)$ 表示第 n 张生成图像。

感知损失不同于基于像素级的损失函数 L_1 和 L_2，它更关注人眼的真实视觉感知能力，用于表示生成图像和目标图像之间的真正差异，从而有助于生成更真实、更自然的清晰化图像。感知损失的计算需要借助于在 ImageNet 数据集上预训练好的 VGG-19 网络。在计算过程中，需要首先将原始清晰图像和复原图像共同输入 VGG-19 网络中。然后随机选择 VGG-19 网络中一层或几层的特征图。最后，直接计算真实图像和生成图像对应特征图上的 L_2 距离，即可得到感知损失，其数学表达式为

$$L_X=\frac{1}{W_{i,j}H_{i,j}}\sum_{a=1}^{W_{i,j}}\sum_{b=1}^{H_{i,j}}(\phi_{i,j}(S)_{a,b}-\phi_{i,j}(G(I^B))_{a,b})^2 \tag{1-17}$$

其中，$\phi_{i,j}$ 表示 VGG-19 中第 i 个最大池化层之前通过第 j 个卷积获得的特征图；$W_{i,j}$ 和 $H_{i,j}$ 为特征图的维度；I^B 为模糊图像；a 和 b 为像素的位置。

生成对抗网络初始化时通常没有约束，往往导致训练偏离目标方向，因此图像去模糊在测试时高质量复原结果相对不稳定。充分考虑人眼视觉对图像最直观的感受往往受到明暗和整体结构信息的影响，本节在结构相似性损失函数的基础上引入多尺度结构相似性损失函数 $L^{\text{MS-SSIM}}$。除了综合考虑照明度、对比度、结构外，还考虑了分辨率这一因素，使复原结果更符合直观视觉感受，基于 SSIM 的损失函数定义为

$$L^{\mathrm{SSIM}}(P)=\frac{1}{N}\sum_{p\in P}1-\mathrm{SSIM}(p) \tag{1-18}$$

计算损失函数时其实只需计算中间像素的损失，即

$$L^{\mathrm{SSIM}}(P)=1-\mathrm{SSIM}(\tilde{P}) \tag{1-19}$$

其中，$\tilde{P}$ 表示像素块的中间像素值。

同理，将图像进行不同尺度的缩放处理，就可得到多尺度结构相似性损失函数 $L^{\text{MS-SSIM}}$ 的数学表达式，即

$$L^{\text{MS-SSIM}}(P)=1-\text{MS-SSIM}(\tilde{P}) \tag{1-20}$$

1.2.3 实验与分析

1. 实验设计

本实验在 Linux 操作系统下基于 TensorFlow 深度学习框架实现，使用的硬件环境和表 1-2 相同。模型训练流程如图 1-13 所示。

由于该模型是全卷积，在 256×256 像素的裁剪块上进行训练，因此可以对任意尺寸的道路交通模糊图像进行测试。经过多次实验调整，损失函数部分将超参数 λ 设置为 100、β 设置为 0.84 时效果最好。生成器和判别器的学习率设为 0.0001。使用指数衰减法逐步减小学习率，衰减系数为 0.3。使用自适应矩估计优化器来优化损失函数，取 $\beta_1 = 0.9$ 、 $\beta_2 = 0.999$ 、 $\varepsilon = 10^{-4}$ ，将批量大小设置为 1，经过 150 轮的训练，学习率开始呈线性衰

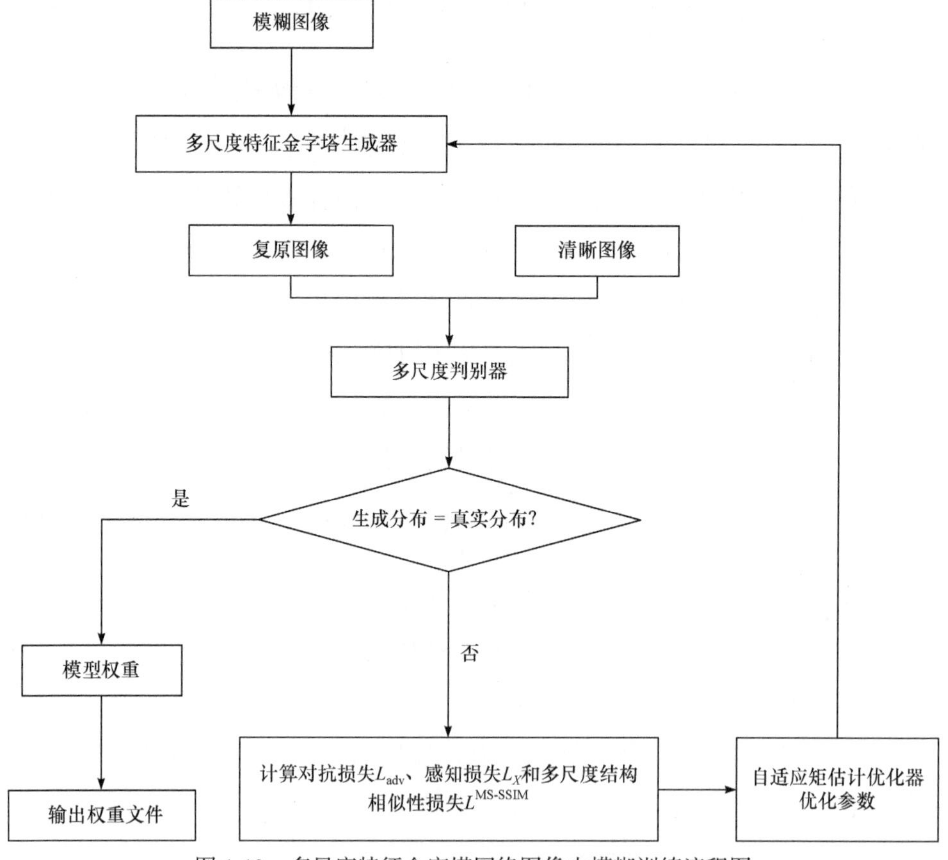

图 1-13 多尺度特征金字塔网络图像去模糊训练流程图

减，直到网络收敛。

2. 实验结果对比分析

将本节方法与 1.1 节方法、DeblurGAN 方法[11]与 SRN-DeblurNet 方法[12]在 GoPro 数据集上进行对比实验，实验结果如图 1-14 所示。自左向右分别为场景 1、场景 2 和场景 3。通过局部放大区域可以发现，本节方法在三个模糊场景下细节纹理更加清晰，整体的轮廓也得到了很好的复原，视觉效果得到了较大的提高。对比方法的复原结果有较多的伪迹，图像模糊仍大面积存在。

(a) 模糊图像

(b) DeblurGAN方法

(c) SRN-DeblurNet方法

(d) 1.1节方法

(e) 本节方法

图 1-14 GoPro 数据集上去模糊效果对比(二)

本节方法和对比方法进行图像去模糊得到的 PSNR、SSIM 和 MOS 评价指标如表 1-9 所示。通过计算可以发现，本节方法在三个评价指标上都取得了最好的结果。相比 DeblurGAN 方法、SRN-DeblurNet 方法和 1.1 节方法，PSNR 平均值分别提高了 9.3%、3.4%和 1.4%，SSIM 平均值分别提高了 19.3%、9.0%和 6.9%，MOS 平均值分别提高了 9.4%、7.4%和 3.2%。实验结果有力地表明了本节方法取得的效果最好。

表 1-9 图像质量评价结果(二)

实验类型	DeblurGAN 方法			SRN-DeblurNet 方法			1.1 节方法			本节方法		
	PSNR	SSIM	MOS	PSNR	SSIM	MOS	PSNR	SSIM	MOS	PSNR	SSIM	MOS
第一组	27.21	0.712	3.52	28.42	0.821	3.69	29.01	0.811	3.83	29.54	0.903	3.94
第二组	27.04	0.791	3.65	28.75	0.827	3.65	29.31	0.855	3.81	29.63	0.912	3.93
第三组	26.95	0.756	3.64	28.66	0.826	3.67	29.21	0.856	3.82	29.55	0.881	3.96

3. 真实场景数据集测试

本节网络模型应用于真实道路交通场景，去模糊前后目标检测对比如图 1-15 所示。特征金字塔网络处理后的道路交通图像清晰度得到明显提升。上边场景中使用 1.1 节方法被检测到的车辆在一定程度上增多，使用本节方法被检测到的车辆大幅度增加。下边场景中黑色汽车从 1.1 节方法被检测概率的 0.715 提升至 0.855，且本节方法复原后的图像中车内驾驶员也以 0.598 的概率被检测到，表明了在不同真实道路交通场景去模糊的良好性能。

(a) 模糊图像　(b) 1.1节方法　(c) 本节方法

图 1-15　去模糊前后目标检测对比(二)

1.3　本 章 小 结

本章首先提出了采用多尺度编解码深度卷积神经网络进行模糊图像清晰化校正。基于传统图像去模糊的多尺度复原策略，设计 AMSRB 作为生成器的主要特征提取模块。实验对不同残差模块和不同尺度进行仿真对比分析，结果表明经该方法处理后的图像在多项评价指标上都优于近年的主流方法，在 GoPro 数据集和真实道路交通场景下均能取得较好的复原结果。然后，本章提出了一种多尺度和多特征融合的特征金字塔网络盲复原方法，设计了多尺度鉴别器，并加入了多尺度结构相似性损失函数。实验仿真结果表明，经该方法处理的图像在多项评价指标上都高于近年的主流方法和 1.1 节方法，能够较好地复原出细节和纹理清晰的高质量图像，为道路交通模糊图像较高质量清晰化校正提供了可能。

参 考 文 献

[1] He K M, Zhang X Y, Ren S Q, et al. Deep residual learning for image recognition. Proceedings of the IEEE Conference on Computer Vision and Pattern Recognition, Las Vegas, 2016: 770-778.

[2] Li J C, Fang F M, Mei K F, et al. Multi-scale residual network for image super-resolution. Proceedings of the European Conference on Computer Vision, Munich, 2018: 517-532.

[3] Badrinarayanan V, Kendall A, Cipolla R. SegNet: A deep convolutional encoder-decoder architecture for image segmentation. IEEE Transactions on Pattern Analysis and Machine Intelligence, 2017, 39(12): 2481-2495.

[4] Tao X, Gao H Y, Liao R J, et al. Detail-revealing deep video super-resolution. Proceedings of the IEEE International Conference on Computer Vision, Venice, 2017: 4482-4490.

[5] Shi X J, Chen Z R, Wang H, et al. Convolutional LSTM network: A machine learning approach for precipitation nowcasting. Proceedings of the 28th International Conference on Neural Information Processing Systems, Montreal, 2015: 802-810.

[6] Cho K, van Merrienboer B, Gulcehre C, et al. Learning phrase representations using RNN encoder-decoder for statistical machine translation. Proceedings of the 2014 Conference on Empirical Methods in Natural Language Processing, Doha, 2014: 1724-1734.

[7] Johnson J, Alahi A, Li F F. Perceptual losses for real-time style transfer and super-resolution. European Conference on Computer Vision, Cham, 2016: 694-711.

[8] Arjovsky M, Chintala S, Bottou L. Wasserstein gan. arXiv:1701.07875 2017, 2017.

[9] 郭爽. 基于 JS 散度的结构损伤诊断方法研究. 哈尔滨: 哈尔滨工业大学, 2014.

[10] 费宁, 张浩然. TensorFlow 架构与实现机制的研究. 计算机技术与发展, 2019, 29(9): 31-34.

[11] Nah S, Kim T H, Lee K M. Deep multi-scale convolutional neural network for dynamic scene deblurring. IEEE Conference on Computer Vision and Pattern Recognition, Honolulu, 2017: 257-265.

[12] Kupyn O, Budzan V, Mykhailych M, et al. Deblurgan: Blind motion deblurring using conditional adversarial networks. IEEE/CVF Conference on Computer Vision and Pattern Recognition, Salt Lake City, 2018: 8183-8192.

[13] 陈磊, 张孙杰, 王永雄. 基于改进的 YOLOv3 及其在遥感图像中的检测. 小型微型计算机系统, 2020, 41(11): 2321-2324.

第 2 章　视频信息缺失补全

视频在获取和保存的过程中难免会损坏或丢失，相关数据的缺失会对问题分析的时效性和准确性产生严重影响[1-3]。因此，补全视频序列中的缺失数据具有重要意义。传统的补全方法主要针对低维的数值型数据进行建模，无法有效地解决包含丰富信息量的高维视频帧的缺失问题[4-6]。随着图像处理技术的不断发展，一些图像修复算法通过提取图像的潜在信息，根据不同的语义对缺失的区域进行补全[7]。这种基于语义的修复算法为本章的研究提供了思路，但对缺失的视频帧进行补全仍有一定难度。一方面，相较于图像，视频增加了时间维度，在单帧图像修复的基础上，还需要从相邻帧中捕获运动信息以保证视频的连续性；另一方面，当视频序列中的缺失由本章所研究的整帧缺失代替传统的局部缺失时，相关的语义信息更难获取。

因此，针对视频序列中的单帧缺失问题，本章提出基于双判别器生成对抗网络(generative adversarial network，GAN)的视频单帧补全模型。该模型包括一个生成器网络和全局、局部两个判别器网络。其中，生成器模型采用双向金字塔特征提取机制和多尺度横向连接融合机制，有效挖掘高维潜在特征。双判别器分别捕获帧间时间信息和帧内空间信息，确保经补全模型恢复的视频数据具有良好的时空一致性。在 Caltech Pedestrian 和 KITTI 两个数据集上的实验结果显示，该模型不仅能够在不加标注的原始视频帧作为输入的情况下补全视频序列中相应的缺失帧，在定量对比分析中也表现出良好的性能。

同时，针对视频序列中连续多帧的缺失问题，本章进一步提出基于渐进增长 GAN 的视频多帧补全模型。该模型在训练过程中渐进增长生成器的分辨率，逐步增强生成帧在多尺度空间中的语义细节，并设计能应对不同复杂场景视频数据的三维卷积模块，确保视频补全后的时空一致性。在MovingMNIST、CUHK Square、Caltech Pedestrian 三个不同复杂度的数据集上的实验结果显示，该模型能够根据已有的前后 2 帧视频补全中间缺失的连续 5 帧。其补全结果不仅具有时空一致性，而且在不同的数据集上具有较好的适应性。

2.1 基于双判别器生成对抗网络的视频单帧补全

2.1.1 网络模型

基于双判别器 GAN 的视频单帧补全模型包括一个生成器网络和两个判别器网络，旨在通过对抗训练的方式学习交通视频中连续帧之间的相关性规律，并根据现有的帧生成相关的缺失帧以补全视频序列。视频作为高维数据，其内部包含很多潜在的内容。在对缺失的视频帧进行补全时，该模型充分挖掘其潜在的语义信息，通过对这些信息进行整合，去除冗余部分，更加全面地把握相关帧之间的联系，并且不增加额外的计算量。

1. 生成器网络

为了捕获更多的语义信息，本节借鉴特征金字塔网络(feature pyramid network，FPN)的多尺度特征学习思想。在生成器网络部分，搭建自底向上、自顶向下和横向连接三个路径，以对输入数据多个尺度上的特征进行提取。

其中，自底向上的路径接收现有的视频帧作为输入，下采样卷积能够提取目标像素丰富的位置信息。但是，经过一系列卷积处理和最大池化层的操作，会以损失空间分辨率为代价，导致生成的多尺度特征图无法有效匹配。因此，自顶向下的采样路径被引入模型中，该模块包括上采样和卷积模块，用来提取时空语义信息以及恢复更高的空间分辨率。通过使用1×1卷积横向连接，融合两条路径相同尺度特征图上捕获的位置信息和语义信息，从而补充高分辨率的细节。为了保持输出与输入视频帧的分辨率一致，将组合后的特征图送到卷积模块及卷积层中，得到最终的生成器输出。该模型的生成器仅接收原始视频帧的像素值作为输入，不依赖其他约束，能同时捕获视频序列空间和时间分量上的特征。

此外，为了加快训练速度、提高网络性能，网络主干模块引入预训练好的 Inception-ResNet-v2 网络[8]。该网络通过引入残差模块加速收敛速度，且训练误差不会随着网络深度的增加而增加。其中，1×1卷积核用于减少特征图的维数以及增加网络的非线性度，三个 Inception-ResNet 模块的数量分别为 5、10 和 5。每个模块都使用残差的方式连接，最后一层的1×1卷积主要用于尺寸匹配。可以看出，网络使用1×1 、3×3 、5×5的小卷积模块，不仅可以大大减少权重参数的数量，还可以搭建更加复杂的网络结构。利用更深的网络层建立功能更强大的模型。总而言之，通过引入残差模块可以提高网络性能，加快网络训练过程中的收敛速度，并且训练误差不会随着网络深度的增加而增大。

2. 判别器网络

在缺失视频帧的补全过程中，需要兼顾补全帧的全局信息和局部细节。因此，网络模型的判别器网络由全局判别器和局部判别器两部分组成。

全局判别器的作用与传统 GAN 的判别器相同，交替接收来自生成器输出的“假”样本和来自真实数据分布的“真”样本。通过整体对比“真”样本和“假”样本的差异，将此差异反馈给生成器。经过全局判别器的判别能够使模型对完整的空间环境有所把握，进而学习到连续时间上视频帧的粗略空间像素及运动物体的运动规律。

然而，全局判别器是对整帧图像进行加权，忽略了局部的空间细节。全局信息对视频帧在时间上的连贯性至关重要，而局部细节关乎每一帧在空间结构上的真实性。为了获得具有时空一致性的补全性能，用于处理视频帧中更精细的像素问题，本节增设了局部判别器网络。

局部判别器的输入一般为 $N \times N$ 的矩阵，矩阵中的每一个元素代表原帧中固定补丁大小的感受野。这表明该模型可以在整帧上随机裁剪一定数量的补丁送入局部判别器网络。通过判别器的打分，对每一个细节单元进行反馈学习以获取更丰富的语义信息，这有助于高分辨率、高细节的保持。通过全局和局部两个分支判别器的结合，生成更加真实可靠的缺失帧。

2.1.2　损失函数

在实际训练过程中，GAN 的损失函数往往会因梯度消失而难以收敛。为了构建一个更加稳定的网络模型，本节结合相对判别器损失，对网络模型的损失函数进一步优化。这对防止梯度弥散具有重要意义，可以有效提高生成图像的质量。相对判别器用真实数据代替随机抽样的生成数据计算差异，可以提高训练的稳定性。结合上述两种损失函数，本节引入一种新的对抗损失 L_{adv} ，由全局判别器损失和局部判别器损失两部分组成，其表达式为

$$L_{\text{adv}} = E_{x\sim p_{\text{data}}(x)}[D(x) - E_{z\sim p_z(z)}D(G(z)-1)^2] + E_{z\sim p_z(z)}[D(G(z)) - E_{x\sim p_{\text{data}}(x)}D(G(x)+1)^2] \tag{2-1}$$

其中，E_x 表示真实样本 x 经过计算的结果期望值；$D(x)$ 表示真实样本 x 经过判别器的输出值；E_z 表示噪声样本 z 经过计算的结果期望值。

此外，为了生成更加真实的帧，采用空间内容损失 L_c 计算真实图像 x_t 和生成图像 $\tilde{x}_t$ 像素间的差异值。空间内容损失 L_c 采用均方误差方式。考虑到视频序列补全可以看成是由输入帧到生成帧变化得到的，这里引入感知损失[9] L_p ，使得待补全的帧与真实帧在语义上更加相似。补全模型损失函数的定义为

$$L_{\text{TDC-GAN}} = \lambda_1 L_{\text{adv}} + \lambda_2 L_c + \lambda_3 L_p \tag{2-2}$$

其中，λ_1 、λ_2 、λ_3 表示权重系数。

L_c 、L_p 的定义为

$$L_c = \sum_{t=1}^{n}(x_t - \tilde{x}_t)^2 \tag{2-3}$$

$$L_p = \frac{1}{W_{i,j}H_{i,j}} \sum_{t=1}^{n} \sum_{x=1}^{W_{i,j}} \sum_{y=1}^{H_{i,j}} (\varphi_{i,j}(x_{t+1})_{x,y} - \varphi_{i,j}(G(x_t))_{x,y})^2 \tag{2-4}$$

其中，x_t 为真实图像；$\tilde{x}_t$ 为生成的图像；$\varphi_{i,j}$ 为特征图；i 和 j 分别为卷积层和池化层；特征图的维度分别用 $W_{i,j}$ 和 $H_{i,j}$ 表示。

2.1.3　实验与分析

1. 实验平台搭建

实验在 PyTorch 框架中完成，搭建实验平台涉及的具体硬件设施参数与软件配置如表 2-1 和表 2-2 所示。

表 2-1　硬件设施参数

硬件名称	型号/参数
GPU 型号	NVIDIA GeForce RTX 2080 Ti
显卡内存	11GB
CPU 型号及频率	Intel Xeon E5-2678 v3, 2.50GHz
硬盘	Samsung SSD 860

表 2-2　软件配置

软件环境	软件名称/版本
服务器操作系统	Ubuntu16.04
语言	Python3.7
GPU 计算框架	CUDA8.0.44
开发框架	PyTorch
Python 工具库	Numpy、PIL 等

2. 实验评价指标

为了评估模型的补全性能，本节给出补全帧的可视化图像信息。通过对比观察真实帧与生成帧之间的细节，对该模型的补全性能进行视觉上的直观判断。

选取 PSNR 和 SSIM 两个常用的指标对生成补全帧的质量进行衡量。其中，PSNR 是衡量图像失真和噪声水平的标准。SSIM 分别从亮度、对比度、结构三方面度量生成图像与目标图像之间的相似度，其取值为 0～1，越接近 1 表示生成的帧越真实。这两个指标能够定量地评估所提模型的性能。

PSNR 和 SSIM 的表达式为

$$\mathrm{PSNR} = 10\lg\left[\frac{(2^n - 1)^2}{\mathrm{MSE}}\right] \tag{2-5}$$

其中，n 为每个采样值的位数。

$$\mathrm{SSIM}(x,\tilde{x}) = \frac{(2\mu_x\mu_{\tilde{x}} + c_1)(2\sigma_{x\tilde{x}} + c_2)}{(\mu_x^2 + \mu_{\tilde{x}}^2 + c_1)(\sigma_x^2 + \sigma_{\tilde{x}}^2 + c_2)} \tag{2-6}$$

其中，μ 和 σ^2 分别表示真实帧 x 和生成帧 $\tilde{x}$ 之间的均值和方差；x 和 $\tilde{x}$ 之间的协方差用 $\sigma_{x\tilde{x}}$ 表示。

3. 实验数据集

在实验部分，本节选取两个比较复杂的场景数据集 Caltech Pedestrian 和 KITTI。实验同时对模型的可行性和通用性进行验证。这两个数据集包含不同场景下的车辆、行人等多个对象，能够满足实验要求。此外，这两个数据集都是开源的公共数据集，公共数据集使实验具有更强的说服力，方便后续的对比分析。

Caltech Pedestrian 数据集包含大量交通场景下 640×480 像素的视频数据。由于本节的研究旨在解决交通视频帧的缺失问题，模型的输入数据不需要额外的注释信息，因此在实验中裁减了数据集中行人部分的标注信息。

KITTI 数据集是由车载摄像头在中型城市、农村地区和高速公路等多个场景中视频采集而成的，并借助全球定位系统捕获准确的地面真实场景。该数据集的场景复杂度较高，每帧图像中最多可以看到 15 辆汽车和 30 位行人。

为了满足实验需求，需要先对 Caltech Pedestrian 和 KITTI 两个数据集中的原始数据进行预处理。首先，将原始的视频数据按每秒 25 帧的速率解压成连续时间上的图像。其次，为了适应模型框架和方便后续的对比分析，将视频像素更改为 480×480。最后，由于本节主要针对单帧和隔帧缺失进行研究，每个数据集中的图像$\{x_0,x_1,x_2,\cdots\}$需要按次序交替分成两个样本集$z_0=(x_0,x_2,x_4,\cdots,x_{2n})$和$z_1=(x_1,x_3,x_5,\cdots,x_{2n+1})$。$z_0$作为当前时刻生成器的输入，$z_1$作为判别器交替接收生成器的生成帧和真实的下一时刻视频帧。

4. 实验结果对比分析

实验在相同的配置及环境中完成，包括视频序列的单帧补全、隔帧补全以及采用不同判别器和损失函数的消融实验三部分。局部判别器的补丁大小设为70×70，模型的优化器模块采用自适应矩估计算法，相关超参数设置为$\beta_1=0.1$、$\beta_2=0.999$、$l=0.001$。为了达到最优的模型性能，对比多次实验结果，将损失函数的权重设置为$\lambda_1=0.5$、$\lambda_2=0.1$、$\lambda_3=0.02$。

单帧补全即根据当前时刻的已知帧补全下一时刻的缺失帧。生成器模型通过接收t时刻输入帧$z=(x_t)$，输出$t+1$时刻的补全帧$G(z)=(\tilde{x}_{t+1})$。图 2-1 为 Caltech Pedestrian 数据集的单帧补全结果图。其中，a 行是数据集中t_1到t_2时刻的连续 5 帧，表示真实的数据样本。b 行的 4 帧分别是通过输入t_1到t_4时刻的真实帧得到的t_2到t_5时刻的生成帧，表示补全的数据样本。为方便分析，本节给出生成帧的细节对比图，即 b 行中方框内部的信息被放大显示在 c 行中。

对比 b 行与 a 行可以看出，补全的视频帧能够较好地保留视频帧的背景信息，补全的墙体、路面等与真实场景中的内容保持一致。此外，从 c 行中车辆尾部的局部细节可以观察到，车轮在镜头内逐渐显现，尾部区域逐渐变小，从而可以分析出车辆运动状态的变化。实验结果表明，该模型的补全结果具有高度的时空一致性。

如图 2-2 所示，在 KITTI 数据集中选择三种不同路况的视频序列进一步验证模型的性能。实验结果表明，生成器网络可以通过学习高维像素空间结构信息生成具有真实纹理的视频帧。补全模型可以有效地解决视频序列中单帧的丢失问题。

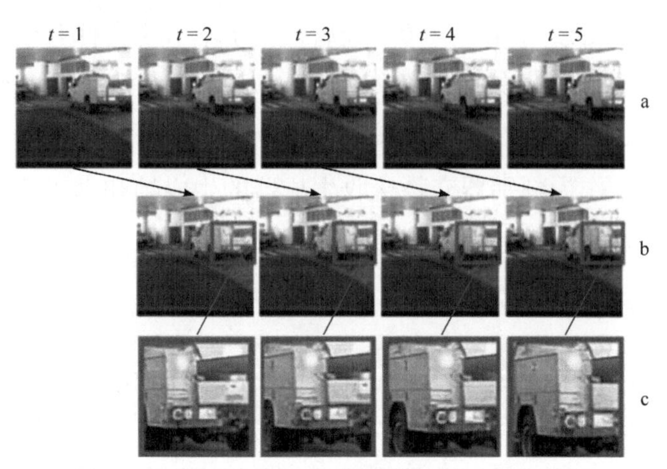

图 2-1 Caltech Pedestrian 数据集的单帧补全结果图

图 2-2 KITTI 数据集的单帧补全结果图

隔帧补全即根据一段时间内已有的视频帧补全该序列中每隔一帧的缺失数据以保证视频的连续性。该模型中的生成器通过学习视频序列上相邻帧间的时间连续性信息与帧内的高维结构信息以补全具有时空一致性的缺失帧。在本实验中，假设连续 6 个时刻，已知 1、3 和 5 时刻的视频帧，需补全 2、4、6 时刻的帧。生成器的输入序列为 $z=(x_{t+1},x_{t+3},x_{t+5})$，表示 1、3、5 时刻的输入帧，输出为 $G(z)=(\tilde{x}_{t+2},\tilde{x}_{t+4},\tilde{x}_{t+6})$，表示补全的第

2、4、6 时刻的视频帧。

本节对两个数据集进行隔帧补全实验。实验结果如图 2-3 和图 2-4 所示，c 行是第 2、4、6 时刻的补全帧。从 b 行的车辆以及行人移动的细节可以发现，模型能充分挖掘连续帧间的时间相关性特征。补全的帧可以在时间和空间维度上保持高度一致。

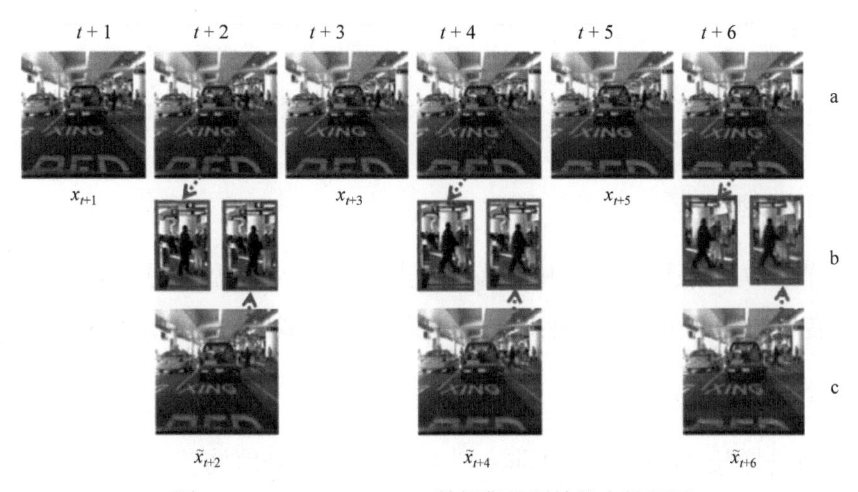

图 2-3　Caltech Pedestrian 数据集的隔帧补全结果图

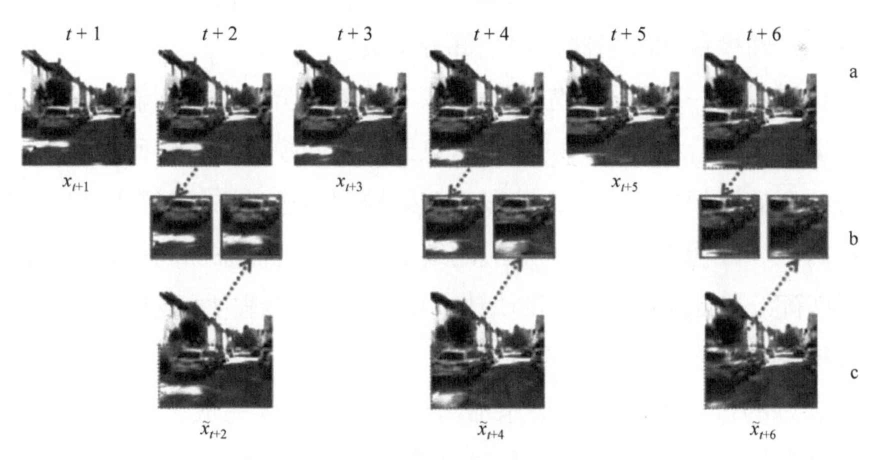

图 2-4　KITTI 数据集的隔帧补全结果图

表 2-3 为在 Caltech Pedestrian 数据集以及 KITTI 数据集上的单帧和隔帧补全结果的定量分析。从表中可以看出，PSNR 和 SSIM 指标具有较高的值，尤其是在 Caltech Pedestrian 数据集上表现更为优异，表明模型在视

频序列的补全任务中具有良好的性能。

表 2-3 在两个数据集上的单帧和隔帧补全结果的定量分析

数据集	Caltech Pedestrian		KITTI	
	PSNR	SSIM	PSNR	SSIM
单帧补全	27.9	0.89	25.6	0.81
隔帧补全	26.8	0.85	24.7	0.77

2.2 基于渐进增长生成对抗网络的视频多帧补全

2.2.1 网络模型

本节在模型搭建的过程中借鉴渐进增长 GAN 模型思想，并在此基础上，拓展生成器部分，构建针对视频序列中连续多帧缺失问题的补全模型。

1. 生成器网络

与渐进增长 GAN 模型不同，为使网络能充分地捕获输入视频序列的潜在表示，可以在生成器中增添编码器部分。因此，模型的生成器由编码器模块、中间模块和解码器模块三部分构成。

在训练的第一阶段，首先将 4×4 像素的待补全视频序列输入编码器模块进行编码。然后将提取到的潜在信息经过中间模块送入解码器模块，最后生成补全的视频帧。在第二阶段，解码器网络通过添加层数将接收帧的像素提高到 8×8 像素。因此，对应的编码器部分也需添加同等数量的网络层进行匹配。以此类推，在不断增加网络层数的过程中，成倍地提高补全帧的分辨率，最终达到预期的像素值。

在训练的过程中，向网络添加新层分两个步骤完成，以确保两个分辨率之间的顺利过渡。第一步是过渡阶段，在下一个分辨率上操作的层被视为残余块，其权重 α 从 0 线性增加到 1。当模型处于过渡阶段时，插值输入被送入两个网络中，使输入帧与网络当前状态的分辨率相匹配。第二步是稳定阶段，在分辨率再次加倍之前，需对网络进行特定数量的迭代训练。网络只需学习现有层和新添加层之间的微小转换，因此网络模型的逐步增长既可以加快训练速度又可以稳定训练过程。此外，为了减少计算量，从 64×64 像素的帧分辨率开始，所有新添加层的特征图数量都将减半。

模型通过逐步增加网络层数的方式先学习视频帧在大尺度结构上的信息分布，再逐渐转移到更多的尺度细节上。这对整帧图像中多个空间尺度上的纹理学习具有重要意义。该方法可以大大提高训练的速度，因为大部分训练工作都是在低分辨率图像上完成的。在提高分辨率的环节中，逐渐提高下一分辨率训练帧所占的权重，使分辨率能够平稳地过渡到下一阶段。

此外，对于网络结构中的卷积模块，本节使用三维卷积代替传统的二维卷积。它通过捕获时间维度上的帧间运动信息，仅接收原始视频帧的像素值作为输入，同时可以学习时间和空间上潜在的特征信息，在时空一致性的保持上表现出更好的效果。

为了解决 ReLU 激活函数在输入值为负时神经元参数不能更新问题，以及如何有效改善梯度消失问题，模型在每个三维卷积后引入特征归一化层，利用改进的局部响应归一化方法对特征进行处理，像素 (x,y,z) 的归一化特征向量表示为

$$\boldsymbol{b}_{x,y,z}=\boldsymbol{a}_{x,y,z}\Big/\sqrt{\frac{1}{n_f}\boldsymbol{a}_{x,y,z}^{\mathrm{T}}\boldsymbol{a}_{x,y,z}+\varepsilon} \tag{2-7}$$

其中，$\boldsymbol{a}_{x,y,z}$ 为原始的特征向量；n_f 为特征图数；ε 用来避免出现奇异点。

运用此归一化方法可以避免生成器和判别器对抗时出现幅度失控的现象。在解码阶段采用三维卷积逐渐提升特征图的分辨率，使最终生成视频帧的分辨率与原始输入保持一致。

G 的输入表示为 $X_{\text{in}}=\{(x_1,x_2,\cdots,x_i),(x_{i+t+1},x_{i+t+2},\cdots)\}$。其中，$(x_1,x_2,\cdots,x_i)$ 和 $(x_{i+t+1},x_{i+t+2},\cdots)$ 分别表示缺失视频帧前后的相关帧；t 为缺失的视频帧数，即待补全的帧数；G 的输出表示为 $X_{\text{gen}}=(x'_{i+1},x'_{i+2},\cdots,x'_{i+t})$；$t$ 根据

补全的具体帧数设置。

2. 判别器网络

随着生成器输出帧的分辨率逐步增加，判别器通过不断添加网络层与其保持一致。针对生成器输出缺乏多样性的问题，在判别器的设计过程中，每个卷积模块中的归一化层都用小批量标准差层代替。通过逐一计算不同位置上小批量特征的标准差，将平均化后的值连接到所有空间位置上形成小批量标准差层，因此判别器需要判别的信息不仅来自单张图像，还有小批量上的帧间相关信息。这使得生成器生成的图像更具多样性，可以有效改善训练过程中的模式崩溃现象。此外，沃瑟斯坦生成对抗网络(Wasserstein generative adversarial network，WGAN)损失函数的梯度惩罚项代替了WGAN中的约束条件，使用小批量标准差层避免了批量归一化层可能造成的不同样本间相互依赖的影响。

在训练过程中，将生成的视频帧$X_{\text{gen}}=(x'_{i+1},x'_{i+2},\cdots,x'_{i+t})$和真实的视频帧$X_{\text{data}}=(x_{i+1},x_{i+2},\cdots,x_{i+t})$交替输入判别器网络中。判别器网络根据评分标准(生成的视频帧为0，真实的视频帧为1)分别给两个视频序列打分，将结果反馈给生成器，指导生成器生成更加真实的视频缺失序列。

3. 损失函数

GAN在采用散度训练时容易造成训练的不稳定，因此用梯度惩罚的方式代替WGAN中的约束条件。通过设置一个额外的损失项实现梯度与阈值之间的联系，保证生成的分布P_g向数据分布P_{data}靠近，从而有效改善梯度消失问题。

总体损失函数的表达式为

$$L_D=\underset{\tilde{x}\sim P_g}{E}[D(\tilde{x})]-\underset{x\sim P_{\text{data}}}{E}[D(x)]+\alpha\underset{\hat{x}\sim P_{\hat{x}}}{E}[(\|\nabla_{\hat{x}}D(\hat{x})\|_2-1)^2] \tag{2-8}$$

其中，第一项中的$\tilde{x}\sim P_g$；第二项中的$x\sim P_{\text{data}}$；前两项相减表示生成数据与真实数据的差异。第三项为梯度惩罚项，该项中的$P_{\hat{x}}$表示分别在P_g和

P_{data} 上任意取一点的连线上采样。当鉴别器 D 训练过程中的梯度不为 1 时，就实行梯度惩罚，α 为惩罚系数。

生成器损失函数为

$$L_G(\hat{x}) = -\mathop{E}_{\tilde{x}\sim P_g}[D(\tilde{x})] \tag{2-9}$$

2.2.2 实验与分析

为了验证所提连续多帧补全模型的性能，本节选取 MovingMNIST、CUHK Square 和 Caltech Pedestrian 三个复杂度依次递增的数据集进行对比实验。

1. 实验平台搭建及评价指标

本节所提出的渐进增长 GAN 模型在训练过程中，需要不断添加网络层以提升生成帧的分辨率，网络模型会逐渐增大。因此，考虑使用两块显卡并行运算，除此之外，硬件设施与软件配置均与 2.1 节一致。

为了验证模型的补全性能及通用性，在 MovingMNIST、CUHK Square 和 Caltech Pedestrian 数据集上进行对比实验，并给出每个数据集中多个场景下的可视化缺失帧表示。此外，为了获得更准确的定量分析结果，除使用 PSNR 和 SSIM 性能指标，还选取 MSE 指标作为参考。MSE 可以评价生成帧与真实帧之间的误差程度，其值越小说明补全模型的补全真实度越高。

MSE 的表达式为

$$\text{MSE} = \frac{1}{ab}\sum_{i=0}^{a-1}\sum_{j=0}^{b-1}[I(i,j)-J(i,j)]^2 \tag{2-10}$$

其中，I 和 J 分别表示 $a\times b$ 像素的两帧图像。

2. 实验数据集

首先，数据集 MovingMNIST 是在手写体识别 MNIST 数据集的基础上，人工生成的视频数据集。与 MNIST 不同的是，MovingMNIST 中的每个视频序列都是由 0～9 中的两个数字组合而成，这些数字都在按指定的方向进行匀速运动。该视频中每帧的大小为 64×64 像素。其次，为了探索模型的通用性，在较为复杂的 CUHK Square 数据集上进一步验证。该数据集是固定式摄像机拍摄的监控视频序列，场景中包括行人、教学楼、树木、车辆等较为复杂的信息。该视频时长为 60min，场景的大小为 720×576 像素。最后，本节选取更为复杂的交通路况 Caltech Pedestrian 数据集进行实验。

为了使实验结果能够更好地反映所提模型的性能，在实验之前，本节对三个数据集分别进行预处理。首先，三个数据集以 25 帧/s 的速率被解码为连续的图像。其次，本节所提模型是以不断提高分辨率的形式进行训练的，在实验前，需根据每个数据集的复杂度设定最终应达到的分辨率像素值。因此，MovingMNIST、CUHK Square 以及 Caltech Pedestrian 三个数据集中原始数据的像素分别被改为 64×64、128×128、256×256。

3. 实验结果对比分析

在实验中，采用自适应矩估计算法进行模型的优化，相关超参数设置为 $\beta_1 = 0.5$ 、 $\beta_2 = 0.999$ 、 $l = 0.0003$ 。归一化层和损失函数的参数设置分别为 $\varepsilon = 0.01$ 、 $\alpha = 0.1$ 。

在 MovingMNIST 数据集的实验中，其训练集由包含不同数字组合的 100 个序列组成，测试集由随机选取的 10 个序列组成。其中，每个序列中有 28 帧图像。根据已有的前后两帧去补全中间的缺失帧，分别尝试从缺失 1 帧逐步增加缺失帧数的补全实验。

下面根据已有的第 1 帧和第 7 帧图像去补全中间 5 个时刻缺失图像，补全结果图见图 2-5。输入为 $X_{\text{in}} = \{(x_{t+1}),(x_{t+7})\}$ ，输出为 $G(X_{\text{in}}) = (x_{t+2}, x_{t+3}, x_{t+4}, x_{t+5}, x_{t+6})$ 。从图中可以看出，对于 0、1、2 这些简单的数字，模型可以准确地学习时间序列信息和空间内容信息，补全帧有着较好的时空一致性表达。对于 6、8 这些较为复杂的数字，虽然补全结果在视觉上的表现稍差，但模型依然能够很好地学习其在时间序列上的运动规律。

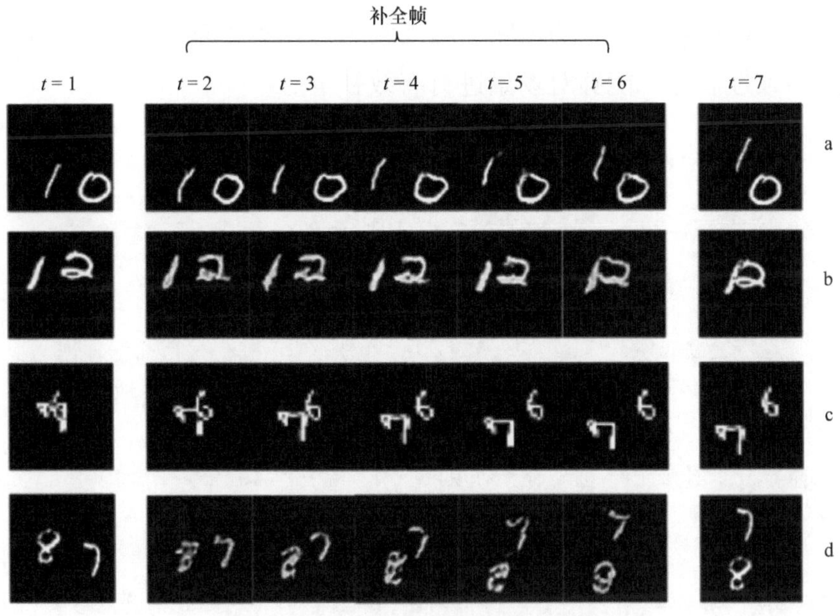

图 2-5　MovingMNIST 数据集补全结果图

在 CUHK Square 数据集的实验中，由于场景较为复杂，在实验时，本节根据已有的前后各两帧去补全中间的缺失帧，并尝试从缺失 1 帧到缺失 3 帧进行补全。图 2-6 为 CUHK Square 数据集上不同时间段的 4 个监控场景的补全结果图，输入为 $X_{\text{in}} = \{(x_{t+1}, x_{t+2}), (x_{t+6}, x_{t+7})\}$，输出为 $G(X_{\text{in}}) = (x_{t+3}, x_{t+4}, x_{t+5})$。从第 a 行可以看出，对于监控视频中静态的背景，模型能够很好地还原。因为在不断学习的过程中，模型对空间结构信息有了较好的记忆。从第 b、c、d 行可以看出，对于一些运动的目标，模型也能学习其时间序列上的信息(如第 c、d 行中汽车的前进信息)。

在 Caltech Pedestrian 数据集的实验中，选取连续的 10 万帧图像用于缺失视频帧的补全实验。考虑到数据集的复杂度，本实验设定根据已有的前后各 3 帧补全中间的缺失帧，分别尝试从缺失 1 帧逐步增加缺失帧数的补全实验。实验结果表明，模型能够有效补全 3 帧缺失图像。输入为 $X_{\text{in}} = \{(x_{t+1}, x_{t+2}, x_{t+3}), (x_{t+7}, x_{t+8}, x_{t+9})\}$，输出为 $G(X_{\text{in}}) = (x_{t+4}, x_{t+5}, x_{t+6})$。

图 2-7 为 Caltech Pedestrian 数据集上 4 个监控场景的补全结果图。根据已有的前后 3 帧补全中间缺失的 3 帧。从补全的可视化结果图中可以看

出，模型可以对较为复杂的道路交通场景进行真实还原。补全结果有较好的时空一致性表达，能够对场景进行有效补全。

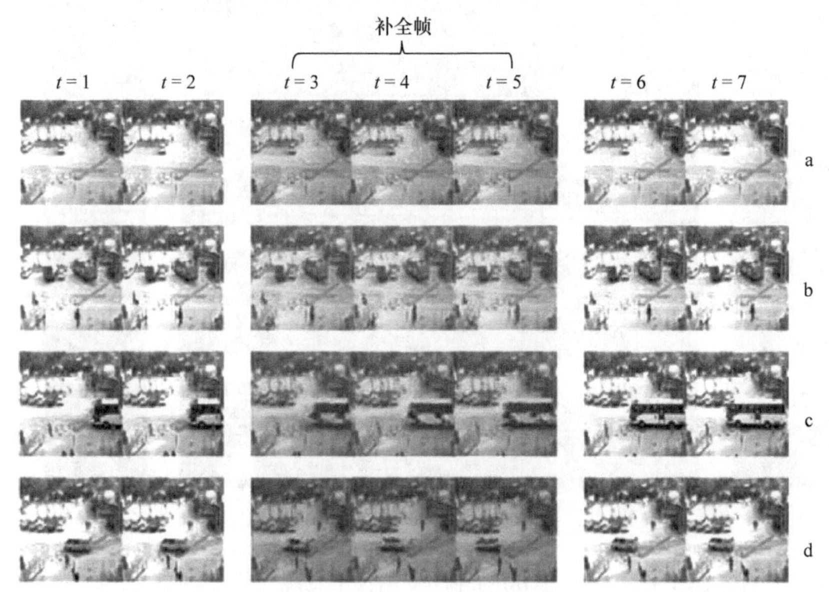

图 2-6　CUHK Square 数据集上 4 个监控场景的补全结果图

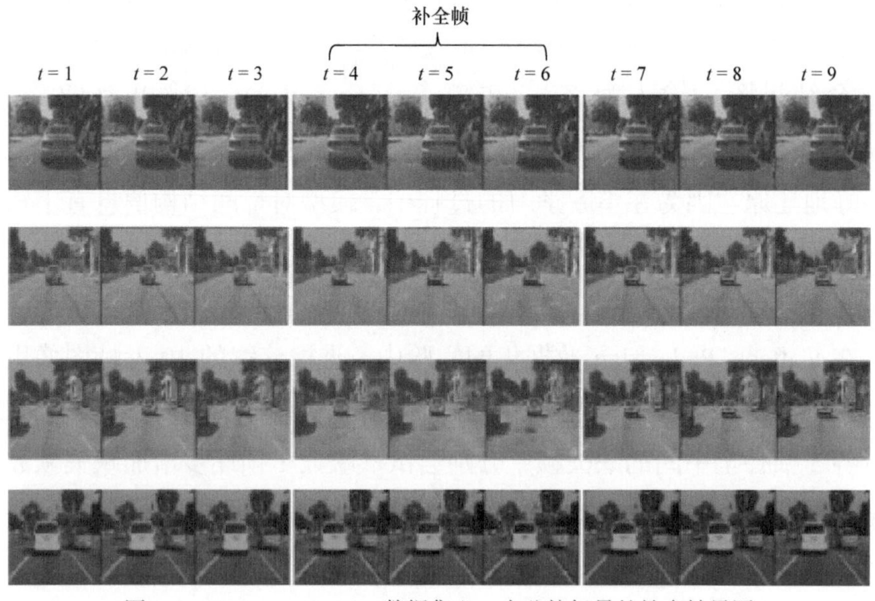

图 2-7　Caltech Pedestrian 数据集上 4 个监控场景的补全结果图

2.3 本章小结

针对视频序列中的单帧缺失问题，本章通过搭建高维数据补全模型，有效地解决了视频数据的缺失问题。设计的生成器模型，通过融合特征金字塔思想充分地学习到视频序列上的多尺度特征，弥补了生成帧语义信息缺失的不足。判别器模型包括全局和局部两个分支，兼顾视频序列帧间的时间信息和帧内的空间信息，解决连续视频帧间的时空不一致问题。结合最小二乘损失和相对判别损失提高训练的稳定性。感知损失通过计算生成帧与真实帧在语义上的差异，增强生成帧的真实可靠性。实验结果显示，该模型能够有效地补全视频序列的缺失帧，并显示出高度的时空一致性，这对实际应用具有重要意义。

进一步提出针对视频序列中多帧缺失问题的补全模型，充分学习视频帧上的语义细节，生成更加真实的缺失帧，同时提高训练的稳定性。此外，卷积模块中的三维卷积能有效地学习连续帧在时间序列上的信息。该模型通过同时捕获帧间的时间信息和帧内的空间信息，保证了相邻帧间的时空一致性。MovingMNIST、CUHK Square、Caltech Pedestrian 三个数据集上的实验结果表明，所提的补全方法在不同复杂度的数据集上具有一定的通用性，不仅能在简单数据集上实现高达 5 帧的补全，在较为复杂的数据集上也能进行有效补全。

参考文献

[1] Li S J. Second-order PDE-based image restoration algorithm using directional diffusion. The Journal of Engineering, 2017, (7): 327-332.

[2] Majee S, Jain S K, Ray R K, et al. On the development of a coupled nonlinear telegraph-diffusion model for image restoration. Computers & Mathematics with Applications, 2020, 80(7): 1745-1766.

[3] Bertalmio M, Sapiro G, Caselles V, et al. Image inpainting. Proceedings of the 27th Annual Conference on Computer graphics and Interactive Techniques, New York, 2000: 417-424.

[4] Goodfellow I, Pouget-Abadie J, Mirza M, et al. Generative adversarial networks. Communications of the ACM, 2020, 63(11): 139-144.

[5] Buyssens P, Daisy M, Tschumperle D, et al. Exemplar-based inpainting: Technical review and new heuristics for better geometric reconstructions. IEEE Transactions on Image Processing, 2015, 24(6): 1809-1824.

[6] Barbu T. Additive noise removal using a nonlinear hyperbolic PDE-based model. International Conference on Development and Application Systems, Suceava, 2018: 1-5.

[7] Elharrouss O, Almaadeed N, Al-Maadeed S, et al. Image inpainting: A review. Neural Processing Letters, 2020, 51(2): 2007-2018.

[8] Szegedy C, Ioffe S, Vanhoucke V, et al. Inception-v4, inception-ResNet and the impact of residual connections on learning. Proceedings of the AAAI Conference on Artificial Intelligence, San Francisco, 2017: 4278-4284.

[9] Yang C, Lu X, Lin Z, et al. High-resolution image inpainting using multi-scale neural patch synthesis. IEEE Conference on Computer Vision and Pattern Recognition, Honolulu, 2017: 4076-4084.

第 3 章　图像分类识别

作为深度学习在图像处理中的重要方法，深度卷积神经网络可通过学习一种深层非线性网络结构，实现复杂函数逼近，展现强大的学习图像高度抽象化特征的能力[1-4]。与传统方法相比，深度卷积神经网络更能挖掘出图像中丰富的内在信息，具有更好的图像特征提取性能与端到端的自动学习能力[5]。本章从增强特征提取能力的角度出发，重点介绍基于卷积神经网络的图像识别分类的方法。我们对算法的参数进行适应性改进，通过卷积映射、权值共享和局部感受野等策略，有效降低深层网络的训练难度，提高深度卷积神经网络训练的有效性。这使得多隐含层的深度卷积神经网络具有优异的图像特征学习能力，可以提取到更加有效的图像特征，从而进一步提升图像的分类精度。

深度卷积神经网络由于具有良好的特征提取能力，广泛地应用于图像的分类与检测等领域[6,7]。然而，对于具体的样本数据与分类任务，仍需专门设计相应的神经网络结构[8,9]。如果参数初始化不理想，那么会导致神经网络训练过拟合或者参数陷入局部最优[10]。预训练方法一定程度上减少了局部最优解，但模型的泛化性能有限[11-13]。无监督学习方法给深度卷积神经网络的初始化提供了一定支持，但模型的自适应性仍然不强[14,15]。为防止深度卷积神经网络模型训练时出现过拟合现象，同时为避免网络的权值阈值陷入局部最优解，对模型进行深入分析，根据具体的图像样本数据规模来确定与之匹配的深度神经网络结构，研究自适应匹配当前网络结构的参数初始化方法，并将权值和阈值预先设定在最有利的训练范围之内，同时对模型参数进行有效的全局调优，帮助参数跳出局部最优解，增强神经网络模型的泛化性能。

本章提出基于贝叶斯正则化[16]深度卷积神经网络的图像分类方法，对深度神经网络参数进行有效初始化，实现有效学习。相比传统方法需要专门设计网络，该方法保证深度神经网络能够自适应地学习到与训练样本最佳匹配的模型结构，同时防止深度学习模型训练时出现过拟合现象，从而提高图像识别的有效性与精度。

3.1 基于卷积神经网络的图像分类识别

3.1.1 卷积神经网络模型和结构设计

对于图像分类任务来说，典型的网络结构包括数据层、卷积层、全连接层与损失层[17,18]。常见的图像分类网络有 AlexNet、VGG16、GoogLeNet、ResNet-50 等。需要指出的是，图像分类网络，尤其是在大数据集上预训练的网络，通常作为检测、语义分割等网络的骨干网络。图像经过骨干网络抽取的特征，才会进入检测模块或者语义分割模型进行后续的特征学习、检测或分类。

1. 局部感受野

在卷积神经网络中，决定某一层输出结果中的一个元素对应输入层的区域大小，称为感受野[19]。当输入 300×300 像素的图像，隐含层有 1000000 个神经元时，如果按全连接方式，每个隐含层神经元与图像的每一个像素点都有连接，那么权值数据为 $300\times300\times1000000 = 9\times10^{10}$ 个。图像空间联系与人的视觉系统类似，只需要局部的视觉感受即可。每个神经元感受局部的图像区域后，通过人脑的高级处理方式对不同局部的神经元进行综合分析，得到全局的图像感受。当局部感受野的大小是 3×3 像素时，隐含层的 1000000 个神经元与局部感受野进行连接，可以大大减少需要训练的参数量。

2. 权值共享

为了进一步提高权值矩阵的利用率，采用相同的权值矩阵来计算同一层的神经元值。在卷积层中每个神经元连接数据窗的权重是固定的，每个神经元只关注一个特性。假如每个神经元都对应 100 个参数，且 1000000 个神经元的 100 个参数是相等的，那么参数数目就变成 100。图像的某一部分统计特性与其他部分是相同的。也就是说，在同一图像上，某一部分的学习特征可以用在另一部分，都采用相同的学习特征。当从一个大尺寸图像中随机选取一小块时，如选取 8×8 像素作为样本，可以把从 8×8 像素样本中学习到的特征作为探测器，用到这个图像的任意地方。下面用学习到的特征与原本的大尺寸图像作卷积，从大尺寸图像上的任一位置获得一个不同特征的激活值。

3. 卷积层

在卷积层中，将上一层的输出与训练好的卷积核进行卷积计算，构成卷积层。卷积层的每一个特征图几乎都是由上一层输出的多个输入特征图组合计算得到，即

$$X_n^l = \sum_{i\in M_n} X_i^{l-1} * K_{i,n}^l + b_n^l \tag{3-1}$$

其中，M_n 为输入特征图中筛选出的特征图集合；X_n^l 为第 l 层第 n 个特征图；$K_{i,n}^l$ 为第 l 层第 n 个卷积核中的第 i 个元素；b_n^l 为第 l 层的第 n 个偏置。

卷积层中的卷积核能进行特征提取和特征映射。卷积层的具体操作是提取一个局部区域的特征，不同的卷积核相当于不同的特征提取器。卷积神经网络主要用来处理图像数据，而图像通常以矩阵的形式存储。为了能够充分利用图像的局部信息，通常将卷积核组织成三维结构。

4. 池化

在池化层进行下采样，对特征图进行稀疏处理，主要是降维，减少数据运算量。当输入特征图个数为 N 时，经过池化计算输出特征图的个数依然为 N，然而输出的尺寸变小。式(3-2)为采样层计算过程，即

$$X_n^l = \beta_n^l \mathrm{down}(X_n^{l-1}) + b_n^l \tag{3-2}$$

其中，$\mathrm{down}(\cdot)$ 表示下采样函数；β_n^l 表示第 l 层的第 n 个乘向偏置；b_n^l 表示第 l 层的第 n 个偏置。

下采样函数主要分为均值池化和最大池化。均值池化即计算池化区域中所有元素的平均值，即

$$p_n = \frac{1}{|R_n|}\sum_{i \in R_n} c_i \tag{3-3}$$

最大池化则是选择池化区域内的最大值元素，即

$$p_{\max} = \max_{i \in R_n} c_i \tag{3-4}$$

其中，R_n 表示特征图中第 n 个池化区域；c_i 表示其中第 i 个像素值。

池化操作大大减少了特征映射。将数据输入分类器中，如果出现的特征向量过多，那么会给分类器的运算带来较大阻碍，使网络系统反应时间过长，在结果上也会出现过拟合现象。在卷积神经网络中，卷积处理将数据信息转化为特征向量。这些特征向量分布在不同区域。池化处理将这些特征向量进行聚类统计，使数据的处理结果更加符合实际。池化的方式有平均池化和最大池化等。其中，最大池化方式可以显著减少特征向量的计算量，对图像进行有效处理。特征图若缩小，则可能会影响网络的准确度，使分类精度降低，因此可以通过增加特征图的深度来弥补这一问题。

5. 全连接层

全连接层在整个卷积神经网络中起到分类器的作用。卷积层、池化层和激活层等将原始数据映射到隐含层特征空间，全连接层将学到的分布式特征表示映射到样本标记空间。在实际使用中，全连接层可由卷积操作实现，即将前层为全连接层的卷积层转化为卷积核为1×1像素的卷积，将前层为卷积层的全连接层转化为卷积核为 $h\times w$ 像素的全局卷积，其中，h 和 w 分别为前层卷积结果的高和宽。全连接层的每一个神经元与前一层的每一个神经元全连接。通常在卷积神经网络的尾部进行重新拟合，减少特征信息的损失。全连接层可保持较大的模型。Softmax 回归分类模型常作为全连接层的最后一层，输出值为 0～1，即每个类别的概率。在计算机中，全连接层相当于神经节点之间作内积运算，即

$$\boldsymbol{y}=\boldsymbol{W}^{\mathrm{T}}\boldsymbol{x}+\boldsymbol{b} \tag{3-5}$$

其中，$\boldsymbol{y}\in\mathbf{R}^{m\times1}$ 代表神经元的输出；$\boldsymbol{x}\in\mathbf{R}^{n\times1}$ 代表神经元的输入；$\boldsymbol{W}\in\mathbf{R}^{m\times n}$ 代表该神经元的权值；$\boldsymbol{b}$ 为偏置项。

3.1.2　实验与分析

1. VGG16 网络实验结果

本节采用的是真实环境下收集到的坦克数据集。通过对坦克炮管指向进行分类，即正左方、正左方和正中间的夹角方向、正中间、正右方和正中间的夹角方向、正右方，五个方向各 220 张，共收集 1100 张图像。其中，VGG16 由 8 部分构成，它们是 5 个卷积组、2 个全连接特征层和 1 个全连接分类层。每个卷积组由 1～4 个卷积层串联构成，所有卷积层都使用 3×3 像素小尺寸卷积核。

通过 VGG16 的标准模型进行参数调优，在输入的每一个像素上都进行卷积。空间池化包含 5 个最大池化层，它们接在部分卷积层的后面。最大池化层为 2×2 像素的滑动窗口，滑动步长为 2。表 3-1 给出 VGG16 模型的分类结果。表中，max_iter 为最大迭代次数，base_lr 为起始学习率，批量大小为训练的批量尺寸。当参数 base_lr = 0.001、max_iter = 10000、批量大小 = 16 时，分类精度高达 88%。

表 3-1　VGG16 模型的分类结果

参数	分类精度/%
base_lr = 0.005，max_iter = 10000，批量大小 = 16	20
base_lr = 0.001，max_iter = 10000，批量大小 = 16	88

2. ResNet-50 网络实验结果

传统的神经网络激活函数都是饱和非线性函数，即函数达到一定程度时变化非常小，因此传统的神经网络由于深度加深采用反向传播，此时会出现误差减小、梯度消失的情形。采用 ReLU 作为激活函数，既可以避免梯度消失，又可以加快收敛。ReLU 函数为

$$\mathrm{ReLU}=\max(x,0) \tag{3-6}$$

然而，在训练很深的网络时，随着网络深度的增加，后续层的训练和测试的错误率反而增加。深度残差网络在构造网络时增加了跨层连接，使输入的映射和输入相叠加。当进行后向传播时，来自深层网络的梯度为 1。这样，经过梯度传播后，来自深层的梯度能直接返回到上一层，使得浅层的网络层参数得到有效训练。

对坦克数据集进行分类，ResNet-50 网络模型分类结果如表 3-2 所示。

表 3-2　ResNet-50 网络模型分类结果

参数	分类精度/%
base_lr = 0.005，max_iter = 10000，批量大小 = 16	90
base_lr = 0.001，max_iter = 10000，批量大小 = 16	86

可以看出，ResNet-50 网络模型在不增加额外参数和计算量的同时，可以大大提高模型的训练速度，改善训练效果。当模型的层数加深时，ResNet-50 网络模型能够很好地解决退化问题。由表 3-2 可知，随着层数的增加，当网络配置相关参数设定 base_lr = 0.005、max_iter = 10000、批量大小 = 16 时，分类精度高达 90%，比 VGG16 模型的最优分类精度高了 2 个百分点。

3.2　基于贝叶斯正则化深度卷积神经网络的图像分类

3.2.1　深度卷积神经网络的贝叶斯学习方法

正则化方法通过修正网络的训练性能函数来提高其泛化能力。当网络训练出现过拟合倾向时，贝叶斯正则化方法能够自适应地缩小深度网络规模，并能有效协调网络模型和训练样本之间的关系，使二者达到最优匹配，从而保证训练的有效实施。假设网络模型训练样本 $D=(x_i,t_i)$, $i=1,2,\cdots,n$, 其中，x_i 为输入样本；t_i 为样本标签；n 为训练样本总数；W 为网络参数。在给定网络结构 H 和网络参数 W 的条件下，网络的误差函数 E_D 取误差的平方和，即

$$E_D = \frac{1}{n}\sum_{i=1}^{n}[f(x_i, W, H) - t_i]^2 \tag{3-7}$$

其中，$f(\cdot)$ 表示网络的实际输出。

考虑到深度神经网络权重的影响，在误差函数后加上权衰减项 E_W，即

$$E_W = \frac{1}{m}\sum_{i=1}^{m} w_i^2 \tag{3-8}$$

其中，m 为网络参数总数；w_i 为网络权值。

总体误差函数可定义为

$$F(W) = \beta E_D + \alpha E_W \tag{3-9}$$

其中，α、β 为超参数，控制深度网络参数(权值及阈值)的分布形式。超参数的大小决定神经网络的训练目标。若 $\alpha \gg \beta$，则侧重于减小训练误差，但网络训练过程中可能会出现过拟合；若 $\alpha \ll \beta$，则侧重于限制网络权值规模，但训练误差可能较大。因此，在深度卷积神经网络训练过程中，需要权衡考虑，极小化目标函数是为了在减少网络训练误差的同时，也能有效降低网络结构的复杂性，从而增强模型的泛化性能。

可以看出，当训练模型确定之后，需要对模型中的超参数进行确定。下面讨论采用贝叶斯方法来实现深度卷积神经网络超参数的优化选取。在贝叶斯理论的框架下，网络的参数被认为是随机变量，在给定训练样本数据下，根据贝叶斯规则，深度网络参数的分布函数为

$$p(W|D,\alpha,\beta,H) = \frac{p(D|W,\beta,H)p(W|\alpha,H)}{p(D|\alpha,\beta,H)} \tag{3-10}$$

其中，$p(D|W,\beta,H)$ 为似然函数；$p(D|\alpha,\beta,H)$ 为归一化因子；$p(W|\alpha,H)$ 为先验密度函数，表示在图像训练数据样本下网络参数 W 的先验知识。

由于对模型参数的分布形式未知，因此可以将先验分布看成均匀分布。一旦有了具体的图像训练数据，即可根据具体训练样本的容量来将先验分布转化为后验分布，后验分布较为紧凑，即只有在很小范围内的权值才可能与网络的映射一致。

假设训练样本的总体分布是正态分布，网络权值参数的先验分布也是

正态的。从而深度卷积神经网络模型似然函数和先验密度函数分别为

$$p(D|W,\beta,H)=\frac{1}{Z_D(\beta)}\exp(-\beta E_D) \tag{3-11}$$

$$p(W|\alpha,H)=\frac{1}{Z_W(\alpha)}\exp(-\alpha E_W) \tag{3-12}$$

其中，$Z_D(\beta)=\left(\frac{\pi}{\beta}\right)^{\frac{n}{2}}$，$Z_W(\alpha)=\left(\frac{\pi}{\alpha}\right)^{\frac{m}{2}}$。

将式(3-11)、式(3-12)代入式(3-10)，得到

$$\begin{aligned}&p(W|D,\alpha,\beta,H)\\&=\frac{\frac{1}{Z_W(\alpha)}\frac{1}{Z_D(\beta)}\mathrm{e}^{-(\beta E_D+\alpha E_W)}}{\text{归一化因子}}\\&=\frac{1}{Z_F(\alpha,\beta)}\mathrm{e}^{-F(W)}\end{aligned} \tag{3-13}$$

根据贝叶斯理论，最优的网络参数应该极大化后验概率 $p(W\mid D,\alpha,\beta,H)$。由式(3-13)可以看出，极大化后验概率等价于极小化总体误差函数 $F(W)=\beta E_D+\alpha E_W$。

利用贝叶斯公式来优化超参数 α、β，其后验分布形式为

$$p(\alpha,\beta\mid D,H)=\frac{p(D\mid\alpha,\beta,H)p(\alpha,\beta\mid H)}{p(D\mid H)} \tag{3-14}$$

假设先验分布 $p(\alpha,\beta\mid H)$ 是一种很宽的分布函数，可以看成均匀分布。因为式(3-14)中的归一化因子 $p(D\mid H)$ 与 α、β 无关，所以求取最大后验分布的问题就转化为求解最大似然函数 $p(D\mid\alpha,\beta,H)$。

可以看出，最大似然函数 $p(D\mid\alpha,\beta,H)$ 就是式(3-10)中的归一化因子，可以得到

$$p(D|\alpha,\beta,H)=\frac{p(D|W,\beta,H)p(W\mid\alpha,H)}{p(W\mid D,\alpha,\beta,H)} \tag{3-15}$$

将式(3-11)～式(3-13)代入式(3-15)，得到

$$p(D|\alpha,\beta,H)=\frac{Z_F(\alpha,\beta)}{Z_W(\alpha)Z_D(\beta)} \tag{3-16}$$

设 $F(W)$ 取最小值时所对应的权值为 W_{MP}，利用最大似然原理，求出满足最大似然函数 $p(D|\alpha,\beta,H)$ 的参数 α、β，得到深度网络最优超参数 α_{MP} 和 β_{MP}，即

$$\alpha_{\mathrm{MP}}=\frac{\gamma}{2E_W(W_{\mathrm{MP}})},\quad \beta_{\mathrm{MP}}=\frac{n-\gamma}{2E_D(W_{\mathrm{MP}})} \tag{3-17}$$

其中，$\gamma=m-2\alpha_{\mathrm{MP}}\mathrm{tr}(\nabla^2F(W_{\mathrm{MP}}))^{-1}$ 为有效参数个数；m 为网络参数总数；γ 为深度网络参数的有效个数，即网络中在减少总误差函数方面起作用的参数个数，它的取值范围为[0, m]。

在对网络模型进行优化求解时需要计算 $F(W)$ 在最小点 W_{MP} 处的 Hessian 矩阵，即需要计算 $\nabla^2F(W_{\mathrm{MP}})$，为了提高计算速度，采用高斯-牛顿逼近法对 Hessian 矩阵作进一步简化，得到 $\nabla^2F(W_{\mathrm{MP}})\approx 2\beta\boldsymbol{J}^{\mathrm{T}}\boldsymbol{J}+2\alpha\boldsymbol{I}_m$，其中 $\boldsymbol{J}$ 为 E_D 在点 W_{MP} 处的雅可比矩阵，$\boldsymbol{I}_m$ 为 m 阶单位矩阵。

下面给出深度卷积网络超参数优化的贝叶斯学习方法训练的具体步骤。

(1) 确定网络规模，初始化超参数 α、β，设定为 $\alpha=0$ 和 $\beta=1$，对深度网络参数赋初值。

(2) 训练深度网络，使总体误差函数 $F(W)=\beta E_D+\alpha E_W$ 达到最小。

(3) 利用高斯-牛顿逼近法求 Hessian 矩阵 $\nabla^2F(\boldsymbol{W}_{\mathrm{MP}})\approx 2\beta\boldsymbol{J}^{\mathrm{T}}\boldsymbol{J}+2\alpha\boldsymbol{I}_m$，并计算深度网络参数的有效个数 γ。

(4) 由式(3-17)计算深度网络超参数 α、β 的新估计值。

(5) 重复执行步骤(2)～(4)，直到深度卷积网络训练达到所需精度。

至此，深度卷积网络超参数的贝叶斯学习完成，深度卷积网络可以根据具体图像样本容量自适应地确定出与其规模相匹配的最优网络超参数 α、β。接下来将该方法集成到图像的目标识别框架中，从而完成相应的目标识别任务。

3.2.2 实验与分析

1. 实验准备

本节实验选取 15 类 256×256 像素的遥感图像作为训练样本，见图 3-1。

(a) 直升机-1　(b) 直升机-2　(c) 预警机

(d) 轰炸机-1　(e) 轰炸机-2　(f) 轰炸机-3

(g) 战斗机-1　(h) 战斗机-2　(i) 战斗机-3

(j) 运输机-1　(k) 运输机-2　(l) 民航飞机

(m) 战舰　(n) 航空母舰　(o) 货船

图 3-1　数据集示例

在每种类型中选取 80%的图像作为训练样本。采用镜像和旋转操作扩大样本的容量，其中旋转的角度分别为 45°、90°、135°、180°、225°、270°、

315°。数据集概况如表 3-3 所示。

表 3-3　数据集概况

目标类别	训练样本数/张	测试样本数/张
直升机-1	10	3
直升机-2	15	4
预警机	20	5
轰炸机-1	29	8
轰炸机-2	21	5
轰炸机-3	4	1
战斗机-1	12	3
战斗机-2	19	5
战斗机-3	5	1
运输机-1	40	10
运输机-2	36	9
民航飞机	284	71
战舰	60	15
航空母舰	8	2
货船	214	53
总计	777×8 = 6216	195×8 = 1560

2. 实验结果对比分析

选取卷积神经网络+预训练、卷积神经网络、支持向量机(support vector machine, SVM) + 尺度不变特征变换(scale-invariant feature transform, SIFT)三种方法进行比较。不同方法下的分类精度如表 3-4 所示。

表 3-4　不同方法下的分类精度

方法	卷积神经网络 + 预训练	卷积神经网络	SVM + SIFT
分类精度/%	93	86	76

实验结果表明，飞机和船舶两个大类可以被有效区分。对于船舶子类，相比战船和货船，战船中的战舰和航空母舰二者更加容易混淆。对于飞机子

类，直升机和其他类型飞机更加容易被区分，然而直升机-1 和直升机-2 之间存在一定混淆。预警机和民航飞机之间也存在一定程度的混淆。由于轰炸机的外观多变，因此它更容易跟与其外观相似的飞机类型相混淆，如轰炸机-1 与战斗机，轰炸机-2 与运输机。对于战斗机子类，由于战斗机的外形相似，因此其混淆程度普遍较高，运输机之间也存在这种问题。总体来看，利用卷积神经网络提取的特征比手工特征具有更好的特征表达和特征区分能力，经过预训练的卷积神经网络能够进一步提升传统卷积神经网络的性能。

3.3　本 章 小 结

相比传统的图像分类识别方法，卷积神经网络具有更好的特征提取能力，可以进一步提高图像的分类精度。随着网络层数的加深，分类精度提高，表明深层网络有利于图像特征的精细表示。同时，在卷积神经网络训练过程中，参数设定对分类精度也会产生一定影响，因此训练参数对卷积神经网络的训练来说也是十分重要的，需要针对不同任务场合进行合理且有效的选取。本章提出一种基于贝叶斯正则化的图像分类方法，对深度卷积神经网络模型参数进行贝叶斯正则化之后，完成深度神经网络的训练任务，增强模型训练的有效性和鲁棒性，提高深度卷积神经网络模型对图像处理任务的适应性。实验表明，贝叶斯正则化方法能够自适应地调整网络参数规模，使训练数据规模与网络参数规模达到匹配，对神经网络参数的权值进行有效初始化，避免训练过程中出现过拟合，增强模型的泛化性能，提高图像目标识别的精度。

参 考 文 献

[1] Coupé P, Manjón J V, Robles M, et al. Adaptive multiresolution non-local means filter for three-dimensional magnetic resonance image denoising. IET Image Processing, 2012, 6(5): 558-568.

[2] Chinna R B, Madhavi L M. A combination of wavelet and fractal image denoising technique. International Journal of Electronies Engineering, 2010, 2(2): 259-264.

[3] 黄冬梅, 戴亮, 魏立斐, 等. 一种安全的多帧遥感图像的外包融合去噪方案. 计算机研究与发展, 2017, 54(10): 2378-2389.

[4] 高健, 茅时群, 周宇玫, 等. 一种基于映射图像子块的图像缩小加权平均算法. 中国图象图形学报, 2006, 11(10): 1460-1463.

[5] Silver D, Huang A, Maddison C J, et al. Mastering the game of go with deep neural networks and tree search. Nature, 2016, 529(7587): 484-489.

[6] LeCun Y, Kavukcuoglu K, Farabet C. Convolutional networks and applications in vision. Proceedings of 2010 IEEE International Symposium on Circuits & Systems, Paris, 2010: 253-256.

[7] Sermanet P, Eigen D, Zhang X, et al. OverFeat: Integrated recognition, localization and detection using convolutional networks. Proceedings of the International Conference on Learning Representations, Banff, 2014: 1-16.

[8] Zhao L J, Tang P, Huo L Z. Land-use scene classification using a concentric circle-structured multiscale bag-of-visual-words model. IEEE Journal of Selected Topics in Applied Earth Observations & Remote Sensing, 2014, 7(12): 4620-4631.

[9] Chen S Z, Tian Y L. Pyramid of spatial relatons for scene-level land use classification. IEEE Transactions on Geoscience & Remote Sensing, 2015, 53(4): 1947-1957.

[10] Zeiler M D, Fergus R. Visualizing and understanding convolutional networks. European Conference on Computer Vision, Zurich, 2014: 818-833.

[11] Penatit O A, Nogurira K, Santos J A D. Do deep features generalize from everyday objects to remote sensing and aerial scenes domains. IEEE Conference on Computer Vision and Pattern Recognition Workshops, Boston, 2015: 44-51.

[12] Marmanis D, Datcu M, Esch T, et al. Deep learning earth observation classification using imagenet pretrained networks. IEEE Geoscience & Remote Sensing Letters, 2016, 13(1): 105-109.

[13] Erhan D, Bengio Y, Courville A, et al. Why does unsupervised pre-training help deep learning. Journal of Machine Learning Research, 2010, 11(3): 625-660.

[14] Zhang F, Du B, Zhang L P. Saliency-guided unsupervised feature learning for scene classification. IEEE Transactions on Geoscience & Remote Sensing, 2015, 53(4): 2175-2184.

[15] Hu F, Xia G S, Wang Z F, et al. Unsupervised feature learning via spectral clustering of multidimensional patches for remotely sensed scene classification. IEEE Journal of Selected Topics in Applied Earth Observations & Remote Sensing, 2015, 8(5): 2015-2030.

[16] MacKay D J C. A practical Bayesian framework for backpropagation networks. Neural Computation, 1992, 4(3): 448-472.

[17] 蒋树强, 闵巍庆, 王树徽. 面向智能交互的图像识别技术综述与展望. 计算机研究与发展, 2016, 53(1):113-122.

[18] Krizhevsky A, Sutskever I, Hinton G E. ImageNet classification with deep convolutional neural networks. International Conference on Neural Information Processing Systems, Lake Tahoe, 2012: 1097-1105.

[19] Szegedy C, Liu W, Jia Y Q, et al. Going deeper with convolutions. IEEE Conference on Computer Vision and Pattern Recognition, Boston, 2015: 1-9.

第 4 章　图像领域自适应

深度神经网络需要大量有标签数据进行训练，消耗大量标注成本。然而，现实中某些图像由于其特殊性导致样本稀少，并且缺乏标记，进而导致深度神经网络应用受到限制[1,2]。迁移学习很好地解决了深度神经网络训练样本量少、标签少甚至无标签问题，实现数据丰富的源域到数据稀缺的目标域的知识迁移。

然而，源域数据与目标域数据的分布差异导致了严重的域漂移，从而影响了迁移学习的性能，甚至引起负迁移[3]。领域自适应被认为是迁移学习领域具有代表性的方法，可以将源域有效信息转移到目标域[4]。通过利用相关或者相似源域中丰富的带标签数据，来帮助目标域建立属于自己的图像识别模型，即为领域自适应方法。通常领域自适应的分类任务相同，体现在类别标签在其相关或相似领域之间具有一致性。可以看出，领域自适应的核心思想是缓解源域和目标域之间的域漂移，将具有丰富标签数据的源域中学习到的不变特征，有效地转移到目标域[5]。本章将围绕图像的领域自适应方法展开相关研究。

4.1　基于深度对抗域自适应网络的图像识别

4.1.1　深度对抗域自适应网络

深度域不变特征的质量将影响模型的性能，因此减小被域鉴别器混淆的两个域之间的特征分布差异，有利于提高模型的性能。本节提出将对抗性学习和多核最大平均差异(maximum mean difference of multiple kernel，MK-MMD)相结合，以进一步减小被域鉴别器混淆的两个域特征分布差异。当分布差异较小时，提取的域不变特征携带的有用信息量越大，迁移效果越好。

最大均值差异(maximum mean discrepancy，MMD)方法是一种经常用于领域自适应的非参数方法。该方法的主要作用是度量两个域的分布差异，经常被用于域自适应。它是一种将原始变量映射到再生核希尔伯特空间(reproducing kernel Hilbert space, RKHS)中度量分布差异的核学习方法。MMD 可以定义为数据分布 P_s 的核嵌入与 RKHS 中目标域数据分布 P_t 之间的平方距离。MMD 值越小，表示源域与目标域的特征分布越相似。

假设源域 D_s 为 n_s 个带标签样本，共有 C_s 类，即 $D_s = \{x_i^s, y_i^s\}_{i=1}^{n_s}$，$x_i^s$ 表示源域中的第 i 个样本，y_i^s 为其对应的分类标签。目标域 D_t 为 n_t 个不带标签的样本，共有 C_t 类，即 $D_t = \{x_j^t\}_{j=1}^{n_t}$，$x_j^t$ 表示源域中的第 j 个样本，标签情况未知,但源域样本与目标域样本具有同样的类别,即 $C_s = C_t$；$P(x^s, y^s)$ 和 $Q(x^t, y^t)$ 分别代表源域和目标域的分布，且 $P \neq Q$。

因此，源域与目标域的特征分布距离可以表示为

$$
\begin{aligned}
\mathrm{MMD}_k^2(P_s, P_t) &= \left\| \frac{1}{n_s}\sum_{i=1}^{n_s}\phi(x_i^s) - \frac{1}{n_t}\sum_{j=1}^{n_t}\phi(x_j^t) \right\|_{H_k}^2 \\
&= \frac{1}{n_s^2}\sum_{i=1}^{n_s}\sum_{j=1}^{n_s}k(x_i^s, x_j^s) - \frac{2}{n_s n_t}\sum_{i=1}^{n_s}\sum_{j=1}^{n_t}k(x_i^s, x_j^t) + \frac{1}{n_t^2}\sum_{i=1}^{n_t}\sum_{j=1}^{n_t}k(x_i^t, x_j^t)
\end{aligned} \tag{4-1}
$$

其中，x_i^s、x_j^s 为源域中的第 i、j 个样本；x_i^t、x_j^t 为目标域中的第 i、j 个样本；ϕ 为特征映射；k 为 ϕ 的核函数；H_k 为具有核函数 k 的 RKHS。

1. 网络结构

本节提出一种新的深度对抗域自适应网络模型结构，用于解决水下目标在识别过程中由带标签数据匮乏带来的无法建模问题。本节将收集到的原始图像数据进行预处理，将预处理后的结果送进网络结构进行模型训练。所采用的模块主要有特征提取器 G_f、源分类器 G_y 和域鉴别器 G_d。

特征提取器 G_f 经 ImageNet 数据集提前训练好并微调得到，该模型可以充分利用预训练过的模型和原始网络参数。通过特征提取器 G_f 提取输入数据的深度域不变特征，并在两个域之间共享特征提取器 G_f 的权值。源分类器 G_y 将从特征提取器 G_f 获得的域不变特征 f 作为输入，并共享源分类器的权重到目标域分类器。域鉴别器 G_d 用于混淆被特征提取器 G_f 提取的两个域的域不变特征，同时引入梯度翻转层(gradient reversal layer, GRL)作用于特征提取器 G_f 和域鉴别器 G_d，用来实现梯度在反向传播过程中的自动翻转。

MK-MMD 是由 MMD 发展而来的。原始的 MMD 将两个域的特征映射到 RKHS 上，并计算在这个特征空间中两个域分布的平均差异。这个特征核是固定的，因此可以采用高斯核或者线性核。由于无法得知哪一个核得到的结果是最优的，因此本节采用 MK-MMD 结构，该结构假设可以得到一个最优核，这个最优核是通过多个核进行线性组合得到的最优结果。

2. 损失函数

从特征提取器 G_f 提取的特征 f 被输入源分类器 G_y 中，以优化源域中带标记数据的分类损失。$\hat{y}_i = G_y(x_i)$ 可以很好地表征每个输入样本 x_i 在源域标签空间的概率分布。当同一标签空间中的目标域数据被源分类器用来预测分类结果时，其中一些目标域样本有可能被分配给其他类，从而导致分类错误。为了减少这些分类错误，该网络设置了每个类的贡献权重，以提高训练精度。源类权重贡献参数 γ 可表示为

$$\gamma = \frac{1}{n_t}\sum_{i=1}^{n_t}\hat{y}_i \tag{4-2}$$

其中，γ 为度量源域的类贡献的向量。无论源域中的类别数量是否等于目标域的数量，都可以获得源域类别的贡献权重，从而引导目标域数据减少分类误差。

域鉴别器 G_d 用于鉴别从每个输入数据 x_i 中提取的域不变特征属于哪

个域。如果域鉴别器 G_d 不能区分提取的域不变特征属于哪个域，那么表示特征提取器 G_f 提取的特征是域不变的。

最后，得到训练深度对抗域自适应网络的总体损失 L_{total} 为

$$
\begin{aligned}
L_{\text{total}} = & \frac{1}{n_s}\sum_{x_i \in D_s} \gamma L_{G_y}(G_y(G_f(x_i)), y_i) \\
& -\frac{\lambda}{n_s}\sum_{x_i \in D_s} \gamma L_{G_d}(G_d(G_f(x_i)), d_i) \\
& -\frac{\lambda}{n_t}\sum_{x_i \in D_t} L_{G_d}(G_d(G_f(x_i)), d_i) \\
& -\sum_{x_i \in D_s, D_t} L_{\text{MMD}}(G_f(x_s), G_f(x_t))
\end{aligned}
\tag{4-3}
$$

其中，L_{G_y} 为分类器的损失；L_{G_d} 为域鉴别器的损失；L_{MMD} 为两个特征分布的 MMD 损失；y_i 为源域样本的分类标签；d_i 为样本的域标签；λ 为权衡 L_{G_y} 和 L_{G_d} 的超参数。

4.1.2　实验与分析

1. 数据集介绍

Office-31 数据集是领域自适应中常用的数据集。这个数据集从三个不同的领域搜集了 4652 张图像，这些图像数据被分为 31 类，如图 4-1 所示。这些图像数据集分别为从亚马逊网 Amazon 下载(标记为域 A)、通过网络摄像头 Webcam 拍摄(标记为域 W)和单反相机拍摄(标记为域 D)。

使用 Office-31 数据集设置了 6 组域自适应学习任务，分别为 A 到 W 的领域自适应(A-W)，D 到 W 的领域自适应(D-W)，W 到 D 的领域自适应(W-D)，A 到 D 的领域自适应(A-D)，D 到 A 的领域自适应(D-A)，W 到 A 的领域自适应(W-A)。每组学习任务源域和目标域均为 31 类。

2. 实验结果对比分析

对于 Office-31 数据集，这里分别采用 AlexNet[6]和 ResNet-50[7]作为基本特征提取网络，同时，比较以下模型的分类精度：深度自适应网络(deep

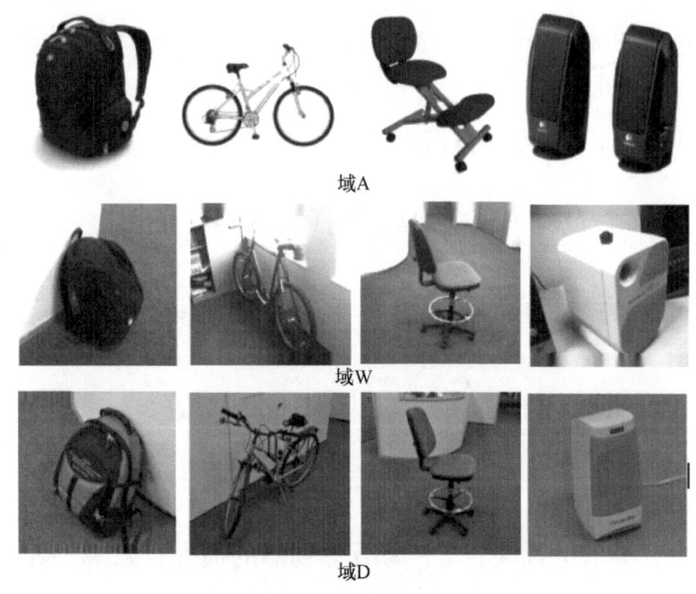

图 4-1　Office-31 数据集示例图像

adaptation network，DAN)、对抗判别领域自适应(adversarial discriminative domain adaptation，ADDA)网络和联合自适应网络(joint adaptation network，JAN)。

基于 AlexNet 和 ResNet-50 的领域自适应分类精度如表 4-1 和表 4-2 所示。实验表明，在不同特征提取器和不同领域自适应任务下，不论选择哪种特征提取器，本节方法均能得到最好的分类精度。同时，相比已有的网络模型，在各项领域自适应任务中本节方法均能获得最优结果，表明本节方法具有良好的适应性和稳健性。

表 4-1　基于 AlexNet 的领域自适应分类精度

任务	分类精度/%				
	AlexNet	DAN	ADDA	JAN	本节方法
A-W	61.6	68.5	73.5	74.9	78.9
D-W	95.4	96.0	96.2	96.6	97.9
W-D	99.0	99.6	98.8	99.5	100
A-D	63.8	67.0	71.6	71.8	77.1
D-A	51.1	54.0	54.6	58.3	59.3
W-A	49.8	53.1	53.5	55.0	59.8

表 4-2　基于 ResNet-50 的领域自适应分类精度

任务	分类精度/%				
	ResNet-50	DAN	ADDA	JAN	本节方法
A-W	68.4	80.5	86.2	85.4	94.9
D-W	96.7	97.1	96.2	96.7	98.9
W-D	99.3	99.6	98.4	99.7	100
A-D	68.9	78.6	77.8	84.7	92.7
D-A	62.5	63.6	69.5	68.6	74.3
W-A	60.7	62.8	68.9	70.0	73.8

本节提出一种新颖的深度对抗域自适应方法。该网络融合对抗性学习和 MK-MMD 的特点和优势，并设计一个更为有效的损失函数，以进一步优化源域和目标域的特征分布。实验结果表明，该方法可以促进源域信息的有效迁移，提升目标域样本的分类精度。同时，在不同特征提取器及不同领域自适应任务中，该方法均获得良好的适应性，相比目前主流模型，该方法具有更高的分类精度，提升了领域自适应的有效性与稳健性。

4.2　基于深度加权子域自适应网络的图像识别

4.2.1　深度加权子域自适应网络

4.1 节主要解决源域数据与标签匮乏的目标域数据之间的域漂移问题，主要针对源域和目标域的标签空间相同的情况，但是在实际应用中这种情况较少，较为普遍的是，在类别标签空间上目标域是源域的一个子集。与此同时，现有的领域自适应方法大多数是基于全局分布的域自适应，将源域和目标域两个域的全局分布对齐，没有充分考虑源域与目标域的类别。此时，两个域经过全局域自适应后，特征分布大致相同，但是由于目标域包含的类别数量少，源域包含的类别数量多，强行对齐的过程中势必会导致负迁移，丢失数据本身的细粒度信息。

因此，本节提出一种深度加权子域自适应网络，通过跨域对齐的子域分布加权，增强深度领域自适应网络的特征学习能力。与以往的方法相比，通过子域自适应来学习每个类别的特征信息，同时借助样本特征的权重来减缓目标域中异常源类的负迁移。实验结果表明，该方法能获得比现有主流方法更高的分类精度。本节主要针对部分域自适应问题，其中源域的标签空间 C_s 较大，而目标域的标签空间 C_t 相对于源域较小，即 $C_s \supset C_t$。定义源域 $D_s = \{(x_i^s, y_i^s)\}_{i=1}^{n_s}$ 为 n_s 个带标签的样本，共计 C_s 类，目标域 $D_t = \{x_j^t\}_{j=1}^{n_t}$ 为 n_t 个无标签的样本，共计 C_t 类。两个域中的数据分别从不同的数据分布 p 和 q 采样获得，即 $p \neq q$。对于部分域自适应问题，则有 $p_{c_t} \neq q$，其中 p_{c_t} 表示源域中属于标签空间 C_t 的数据，将只存在于源域而不存在于目标域的类别称为异常源类。

1. 网络结构

研究发现，深度神经网络可以学习更深层次的可迁移特征，并且这些特征更具有代表性，在深度域自适应中提取的特征好坏会直接影响模型的泛化性能。因此，本节的特征提取器 G_f 是在 ImageNet 模型中预先训练的 ResNet-50 模型的基础上微调得到的，该模型可以充分利用预训练过的模型和原始网络参数的优点。通过特征提取器 G_f 提取输入数据的深度域不变特征，并在两个域之间共享特征提取器 G_f 的权值。其中，f_s 表示从源域提取的特征，f_t 表示从目标域提取的特征。

源分类器 G_y 将特征提取器 G_f 获得的域不变特征 f 作为输入，可以得到预测输出。将源分类器的权值共享给目标域分类器。可以看出，为获取域不变特征 f，可以通过优化特征提取器 G_f 的参数 θ_f，同时优化源分类器 G_y 的参数 θ_y 来保证源分类器 G_y 的准确性。除此之外，还要优化局部加权最大均值差异的参数 θ_m，进一步减小相关源类和目标域类别的子域特征分布差异，从而提高迁移精度。

2. 局部加权最大均值差异

基于 MMD 的方法重点关注全局分布的对齐，从而忽略了两个域中同一类别之间的关系。尤其是在部分域自适应问题中，由于异常源类的存在，直接进行全局对齐就会产生负迁移。本节提出将源域和目标域中同一类别的相关子域分布进行对齐。在对齐相关子域的同时，把异常源类的影响降到最低，因此提出局部加权最大平均差异，赋予异常源类一个低权重，从而减少异常源类在对齐子域分布时的影响。

为了对齐相关子域的分布，设置源域每个类的权重参数γ为

$$\gamma = \frac{1}{n_t}\sum_{i=1}^{n_t}\hat{y}_i \tag{4-4}$$

由于源分类器$\hat{y}_i = G_y(x_i)$可以很好地表示数据x_i属于源域类别的概率分布，当目标域数据利用源分类器预测分类结果时，异常源类和目标域是不相关的，因此将目标域数据分配给异常源类的概率是很低的，可以忽略不计。同时，为了消除源分类器可能将一些目标域数据错误分类，可以给这个类一个高权重。可以看出，目标域数据不属于异常源类，针对异常源类的数据应该有一个比较小的权重，这样才能减轻子域对齐的影响。我们通过将每个权重都除以这个权重向量中最大的权值进行归一化处理，从而明显减小异常源类的权重。这种处理方式不管源域的类别数量比目标域数量多还是相等，都可以得到源域类别的权重，引导目标域数据减少分类错误。

局部加权最大均值差异的分布距离可以表示为

$$\mathrm{WMMD}_k^2(P_s,P_t) = \frac{1}{C}\sum_{c=1}^{C}\left\|\sum_{x_i^s\in D_s}^{n_s}\gamma_i^{sc}\phi(x_i^s) - \sum_{x_j^t\in D_t}^{n_t}\phi(x_j^t)\right\|_{H_k}^2 \tag{4-5}$$

其中，x_i^s为源域中的第i个样本；x_j^t为目标域中的第j个样本；ϕ为特征映射；H_k为具有核函数k的 RKHS；γ_i^{sc}为源域属于类别C的权重。

深度加权子域自适应网络的损失L包括两部分：一部分是训练源分类器的源监督损失L_y；另一部分是利用局部加权最大均值差异对齐子域分布的损失L_M。深度加权子域自适应网络的总体损失函数为

$$\begin{aligned} L = &\frac{1}{n_s}\sum_{x_i\in D_s}\gamma L_y(G_y(G_f(x_i)),y_i) \\ &-\sum_{x_i\in D_s,D_t}L_M(\gamma G_f(x_i),G_f(x_i)) \end{aligned} \tag{4-6}$$

其中，x_i 为源域中的第 i 个样本；y_i 为 x_i 对应的标签。

4.2.2　实验与分析

在 Office-31、Office-Home 数据集上进行仿真实验，以此来评估本节方法与几种先进的深度域自适应方法的性能。

1. 数据集介绍

Office-31 数据集的任务设置与 4.1 节相同。本节进一步引入 Office-Home 数据集，该数据集是一个复杂度更高的领域自适应数据集，它从四个不同的领域收集了 65 个类别，共计 15588 张图像，如图 4-2 所示。这些图像分别来自艺术照片(A*)、剪纸画(C*)、产品图像(P*)和现实世界图像(R*)。根据 4.1 节构造任务的方法，针对该数据集本节构造了 12 个学习任务。

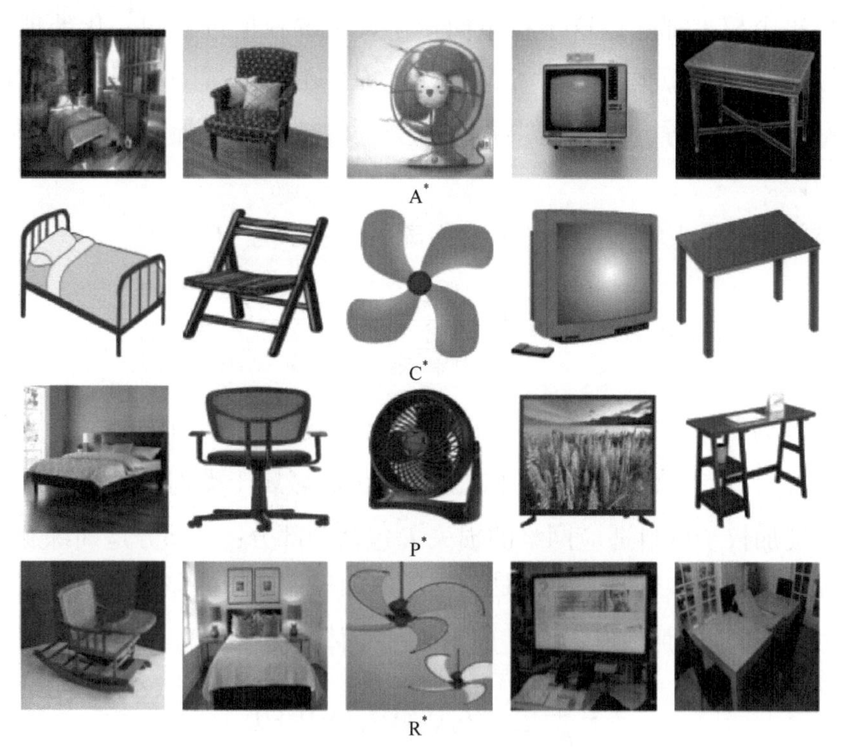

图 4-2　Office-Home 数据集示例图像

针对 Office-31 和 Office-Home 数据集，将深度加权子域自适应方法与其他主流的深度学习方法进行性能对比。与 4.1 节设置相同，针对 Office-31 数据集比较的方法有 ResNet、DAN、ADDA、JAN。针对 Office-Home 数据集比较的方法有 ResNet、DAN、ADDA。

2. 实验结果对比分析

基于 ResNet-50 的领域自适应分类精度(Office-31 数据集)如表 4-3 所示。

表 4-3　基于 ResNet-50 的领域自适应分类精度(Office-31 数据集)

任务	分类精度/%				
	ResNet	DAN	ADDA	JAN	本节方法
A-W	54.52	46.44	43.65	43.39	91.82
D-W	94.57	53.56	46.48	53.56	99.80
W-D	94.27	58.60	40.12	41.40	100
A-D	65.61	42.68	43.66	35.67	91.55
D-A	73.17	65.66	42.76	51.04	95.72
W-A	71.71	65.34	45.95	51.57	96.05

从表 4-3 中能够看出：

(1) DAN、ADDA、JAN 的分类精度都低于 ResNet。由此可见，这些方法在部分领域自适应问题中负迁移的现象很严重。

(2) 本节方法在分类任务上取得的效果较好，这也说明深度加权子域自适应方法可以有效减缓异常源类的负迁移，促进相关子域的正迁移。

Office-Home 数据集复杂度更高，更具有挑战性。基于 ResNet-50 的领域自适应分类精度(Office-Home 数据集)如表 4-4 所示。

表 4-4　基于 ResNet-50 的领域自适应分类精度(Office-Home 数据集)

任务	分类精度/%			
	ResNet	DAN	ADDA	本节方法
A*-C*	38.57	44.36	45.23	60.08
A*-P*	60.78	61.79	68.79	77.69

续表

任务	分类精度/%			
	ResNet	DAN	ADDA	本节方法
A*-R*	75.21	74.49	79.21	80.10
C*-A*	39.94	41.78	64.56	68.02
C*-P*	48.12	45.21	60.01	66.35
C*-R*	52.90	54.11	68.29	78.04
P*-A*	49.68	46.92	57.56	68.35
P*-C*	30.91	38.14	38.89	56.37
P*-R*	70.79	68.42	77.45	84.53
R*-A*	65.38	64.37	70.28	76.78
R*-C*	41.79	45.37	45.23	57.96
R*-P*	70.42	68.85	78.32	84.60

从表 4-4 中能够看出：

(1) 虽然 DAN、ADDA 的分类精度在一些任务上高于 ResNet，但整体效果并不理想，这些方法在处理部分领域自适应问题中存在负迁移问题。

(2) 相比部分域自适应方法，深度加权子域自适应方法在分类任务上取得了良好的效果，说明深度加权子域自适应方法可以有效减缓异常源类的负迁移，促进相关子域的正迁移。

本节针对迁移学习中部分领域自适应问题中的负迁移问题，提出了一种深度加权子域自适应网络。该网络采用局部加权最大平均差异来对齐两个域的子域分布，并通过权重设置可以很好地缓解异常源类对目标域的影响。深度加权子域自适应方法与现有方法在 Office-31 和 Office-Home 数据集上的对比实验表明，该方法能获得比现有主流方法更高的分类精度。

4.3 基于自监督任务最优选择的无监督域自适应

4.3.1 无监督域自适应网络

单源无监督域自适应方法已经发展成熟，但现实中大多数源域是部分监督数据，目标域是无监督数据的场景，若没有一个庞大的数据量，则难以训练出优秀的分类模型。因此，要在单源迁移问题上更进一步，需要解决两个问题：①如何提取更有效的特征，从而利于分类工作；②如何在少量数据的基础上解决分类精度的问题。基于此，本节提出基于自监督任务最优选择的无监督域自适应方法。该方法包含两部分：一部分在源域标签数据上进行分类器训练；另一部分在源域和目标域中未标记部分使用三个自监督任务进行表征学习。将各自监督任务进行随机组合，并且基于自监督任务分配伪标签，用来选择最优的任务组合，得到更完备的特征。

为了处理无监督域自适应[8]的问题，利用源域中标签数据学到的知识对目标域中无标签数据进行分类。将源域中标签数据定义为 $D_s = \{(x_i^s, y_i^s), i = 1,2,\cdots,n\}$，给定源域的无标签数据定义为 $\bar{D}_s = \{\bar{x}_i^s, i = 1,2,\cdots,n\}$ 和目标域的无标签数据定义为 $D_t = \{x_i^t, i = 1,2,\cdots,m\}$，并且将其两个域中所有未标记数据定义为 $D_u = \bar{D}_s \cup D_t$。

1. 网络框架

网络框架可分为两部分，即主监督任务分类器和三个辅助自监督任务选择机制。在主监督任务分类器中，将从公共特征提取器得到的关于标签信息的源域数据送入特定的线性层，进行分类训练，即源域标签数据分类损失可表示为

$$\ell_{\text{cls}}(D_s; F(x_i^s), \Phi_0) = \sum_{(x_i^s, y_i^s) \in D_s} L_0(\Phi_0(F(x_i^s)), y_i^s) \tag{4-7}$$

其中，Φ_0 为处理源域有标签数据的线性层。

在辅助自监督任务训练阶段，首先将特征提取器 F 得到的两个域未标记数据 D_u 中所有特征输入三个辅助自监督任务的线性层 $\Phi_k(k = 1,2,3)$ 进行数据转换 $t_k(k = 1,2,3)$，由此可以得到每个自监督任务分配伪标签的预测概率。然后通过任务组合智能优化策略得到有效特征，将源域和目标域沿着该组合策略相关方向对齐，从而完成最终分类任务。

2. 智能组合优化策略

为了提取到更完备的特征，首先使用三个辅助自监督任务，每个自监督任务都有各自的线性层。不同的自监督任务，输出维度各有不同，对于图像水平翻转任务，其输出层为两个维度；对于图像旋转和位置预测任务，其输出层为四个维度。每个自监督辅助任务中经过数据转换 t_k 得到的带有伪标签的源域数据表示为

$$T_k(s)=\{(t_k(\overline{x}_i^s),y_i),i=1,2,\cdots,n\} \tag{4-8}$$

带有伪标签的目标域数据表示为

$$T_k(t)=\{(t_k(x_i^t),y_i),i=1,2,\cdots,m\} \tag{4-9}$$

其中，t_k 为每个自监督任务的数据转换过程，即指翻转、旋转、位置预测三个自监督任务；y_i 为两个域无标签数据进行自监督任务处理得到的伪标签信息。关于源域和目标域的无标签数据的伪标签分类损失为 $L_{T_k^s}$ 和 $L_{T_k^t}$，两个损失函数分别表示为

$$L_{T_k^s}=\sum_{(\overline{x}_i^s,y_i)\in T_k(s)} L_k(\Phi_k(F(t_k(\overline{x}_i^s))),y_i) \tag{4-10}$$

$$L_{T_k^t}=\sum_{(x_i^t,y_i)\in T_k(t)} L_k(\Phi_k(F(t_k(x_i^t))),y_i) \tag{4-11}$$

每个辅助监督任务中的损失函数均为上述两式之和，可表示为

$$\ell_k=L_{T_k^s}+L_{T_k^t} \tag{4-12}$$

此外，在不同的数据集下，数据间在进行不同的自监督任务时提取的特征易混淆，可能会产生负面的迁移效果。为了避免以上情况产生负迁移效果，本节提出一种有效的优化策略，以三个辅助自监督任务为基底，对自监督任务进行随机组合，同时为了保证实验的便捷性，设置四种任务组合自适应地选择有效特征。最优任务组合策略如图 4-3 所示。

本节通过熵量化各任务预测伪标签的不确定性，较小的熵意味着预测更准确，较大的熵意味着概率分布更稀疏，这表明该预测更具有不确定性。各任务预测伪标签不确定性的公式可表示为

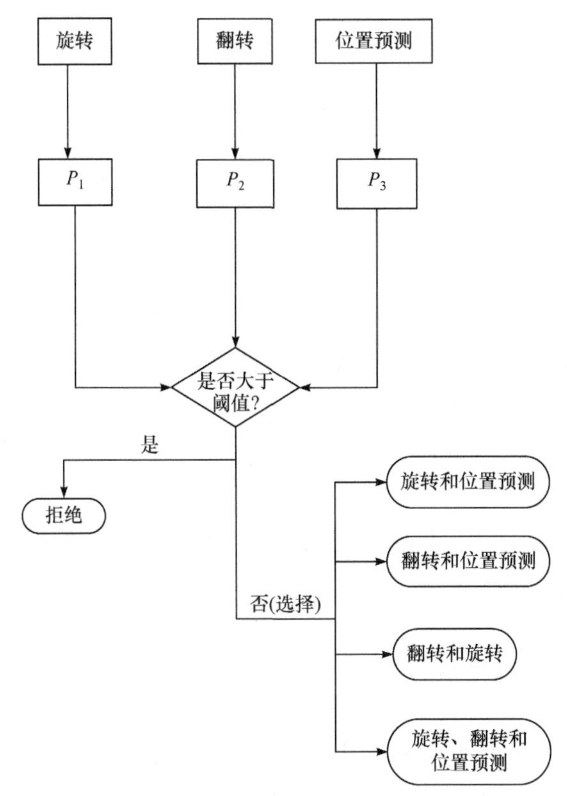

图 4-3　最优任务组合策略

$$H_k = -\sum_{x_i \in D_u} P(x_i)\lg(P(x_i)),\quad k = 1,2,3 \tag{4-13}$$

其中，$P(x_i)$表示类别中第 i 个样本在辅助自监督任务后，经过 Softmax 函数得到的分配伪标签的概率。

选择任务组合时，为了能够舍弃概率分布最稀疏的辅助自监督任务，通过阈值 ρ 在各个熵之间设置一个边界

$$\rho = \frac{1}{3}\sum_{k=1}^{3} H_k \tag{4-14}$$

根据各任务预测的不确定性与阈值 ρ 的数值，完成最终的任务组合策略。为了保证熵与阈值之间能得到准确的比较结果，将各数值精确到小数点后两位：

$$\begin{cases} H_k > \rho, & \text{拒绝第}k\text{个任务} \\ H_k \leqslant \rho, & \text{其他} \end{cases} \tag{4-15}$$

由此，可得到最终经过优化的各个任务组合损失函数 $\ell'_K (K=1,2,3,4)$：

$$\ell'_1 = L_{T_1^s} + L_{T_1^t} + L_{T_3^s} + L_{T_3^t} \tag{4-16}$$

$$\ell'_2 = L_{T_2^s} + L_{T_2^t} + L_{T_3^s} + L_{T_3^t} \tag{4-17}$$

$$\ell'_3 = L_{T_1^s} + L_{T_1^t} + L_{T_2^s} + L_{T_2^t} \tag{4-18}$$

$$\ell'_4 = L_{T_1^s} + L_{T_1^t} + L_{T_2^s} + L_{T_2^t} + L_{T_3^s} + L_{T_3^t} \tag{4-19}$$

根据所选的任务组合，确定最终的任务组合损失函数。

因此，总体目标优化函数可表示为

$$\ell_{\text{all}} = \ell_{\text{cls}}(D_s; F(x_i^s), \Phi_0) + \ell'_K \tag{4-20}$$

其中，K 为任务组合，目标优化函数只取其中一个任务组合。

4.3.2 实验与分析

1. 数据集、实验设置和设计

数据集：为了验证本节模型的有效性和优越性，使用 MNIST、USPS、SVHN、MNISTM 四种手写数据集和 STL-10 和 CIFAR-10 两种风景数据集。其中，CIFAR-10 是 10 类自然场景，其中 50000 个样本为训练集，10000 个样本为测试集。STL-10 是物体的彩色图像，与 CIFAR-10 略有不同，训练集中有 5000 个样本，测试集中有 8000 个样本。MNIST 是手写数字灰度图像，有 0～9 个数字共 10 个类别，其中训练集有 60000 张图像，测试集有 10000 张图像。USPS 是手写数字灰度图像[9,10]，与 MNIST 数据集有所不同，有 0～9 个数字共 10 个类别，其中训练集有 7291 张图像，测试集有 2097 张图像。SVHN 是从街景中裁剪出的彩色的门牌号码集，有 0～9 个数字共 10 个类别，其中训练集有 73257 张图像，测试集有 26032 张图像。MNISTM 由 MNIST 数据集和 BSD500 数据集[11]随机色块混合而成，其中训练集有 60000 张图像，测试集有 10000 张图像。

实验设置：采用 26 层预激活 ResNet 作为模型，最后一个线性层用来进行类别预测，F 是一个公共特征提取器。训练时，每个辅助的自监督任务有一个简单的线性层连接到特征提取器 F 的末端。模型使用随机梯度下降优化，权重衰减为 5×10^{-4}，动量为 0.9，批量大小为 128，初始学习率为 0.1，学习率在每个阶段下降为之前的 1/10。通过源域分类器和辅助自监督任务分类器的收敛性去判断各参数取值。

实验设计：在四种手写数据集上，将本节方法分别与 ADDA、虚拟对抗领域自适应(virtual adversarial domain adaptation，VADA)、有监督的决策边界迭代精细训练(decision-boundary iterative refinement training with a teacher，DIRT-T)、非对称三元训练(asymmetric tri-training，ATT)、DANN、k 最近邻自适应(k-nearest neighbor based adaptation，KNN-AD)主流方法进行对比分析。在两种风景数据集中，本节方法分别和 VADA、DIRT-T 方法进行了对比分析。实验采用 ResNet 作为图像识别较为常用的网络结构。

2. 实验结果对比分析

为了验证方法的有效性，分别在风景数据集和手写数据集上与当前主流方法进行仿真实验比较，本节方法得到了更好的分类性能。手写数据集实验结果比较如表 4-5 所示，风景数据集实验结果比较如表 4-6 所示(本书表中加粗数据表示最优结果)。

表 4-5　手写数据集实验结果比较　　(单位：%)

方法	MNIST-MNISTM	MNIST-USPS	MNIST-SVHN	USPS-MNIST	SVHN-MNIST
ADDA	—	89.4	—	90.1	76.0
VADA	97.7	—	47.5	—	97.9
DIRT-T	**98.9**	—	54.5	—	**99.4**
ATT	94.2	—	52.8	—	86.2
DANN	81.5	—	35.7	—	73.6
KNN-AD	86.7	—	40.3	—	78.8
本节方法	**98.9**	**97.63**	**66.10**	**90.68**	88.32

表 4-6 风景数据集实验结果比较 (单位：%)

方法	STL-10-CIFAR-10	CIFAR-10-STL-10
VADA	73.5	80.0
DIRT-T	75.3	—
本节方法	**79.85**	**83.19**

定义“数据集 A-数据集 B”为从数据集 A 到数据集 B 的域自适应任务。实验结果表明，在多个任务中本节方法优于其他现有的方法。例如，在 MNIST-MNISTM 这一组任务中,本节方法分类精度比 VADA 提高了 1.2 个百分点；在 MNIST-USPS 这一组任务中，本节方法分类精度比 ADDA 提高了 8.23 个百分点；在 MNIST-SVHN 这一组任务中，本节方法分类精度比 ATT 提高了 13.3 个百分点；在 USPS-MNIST 中，本节方法分类精度比 ADDA 提高了 0.58 个百分点；在 STL-10-CIFAR-10 这一组任务中，本节方法精度比 VADA 提高了 6.35 个百分点；在 CIFAR-10-STL。这一组任务中，本节方法分类精度比 VADA 提高了 3.19 个百分点。实验结果表明：①本节方法设置了三个自监督任务，基于这些自监督任务的任务组合不仅能够增加最终提取的特征数量，也能够使特征具有更强的语义信息；②本节方法提出了智能组合优化策略，能够筛选出更高质量的特征。

4.4 本 章 小 结

本章从图像信息生成与特征迁移的角度出发，提出了一种深度对抗域自适应网络，该网络用于减小源域和目标域之间的特征分布差异，从而解决大量源域数据与带标签目标域数据之间的域漂移问题。该网络通过在对域鉴别器混淆的特征层中添加 MK-MMD 来优化两个混淆域的特征分布，同时设计了一种新的损失函数来保证良好的分类精度。实验结果表明，该方法可以有效优化域鉴别器，从而促进正迁移，获得比目前主流方法更高的分类精度。同时，针对部分领域自适应问题提出了深度加权子域自适应网络。与以往的方法不同，没有采用对抗学习的方法，网络结构更加简单。通过给源域类别设置权重参数，来缓解异常源类数据在子域自适应过程中对目标域数据产生的不良影响。最后，针对单源迁移中已标签数据低质、少量导致的特征不完备、分类性能不高的问题，提出了基于自监督任务最优选择的无监督域自适应方法。该方法通过辅助自监督任务在两个域的无标签数据集上进行学习，首先利用智能组合优化策略进行有效的特征选择，然后通过任务组合将源域分类器推广到目标域进行分类。在多个数据集上进行仿真实验，通过与现有的先进方法、不同自监督任务、训练集大小三个方面对比分析，证明模型具有良好的性能，能够在智能优化策略下得到更有效的特征。

参考文献

[1] Pan S J, Tsang I W, Kwok J T, et al. Domain adaptation via transfer component analysis. IEEE Transactions on Neural Networks, 2011, 22(2): 199-210.

[2] Gong B Q, Shi Y, Sha F, et al. Geodesic flow kernel for unsupervised domain adaptation. IEEE Conference on Computer Vision and Pattern Recognition, Providence, 2012: 2066-2073.

[3] Ghifary M, Kleijn W B, Zhang M J. Domain adaptive neural networks for object recognition. Pacific Rim International Conference on Artificial Intelligence, Gold Goast, 2014: 898-904.

[4] Long M S, Cao Y, Wang J M, et al. Learning transferable features with deep adaptation networks. The 32nd International Conference on Machine Learning, Lile, 2015: 97-105.

[5] Yan H L, Ding Y K, Li P H, et al. Mind the class weight bias: Weighted maximum mean discrepancy for unsupervised domain adaptation. IEEE Conference on Computer Vision and Pattern Recognition, Honolulu, 2017: 945-954.

[6] Krizhevsky A, Sutskever I, Hinton G E. ImageNet classification with deep convolutional neural networks. The 26th Annual Conference on Neural Information Processing Systems, Nevada, 2012: 1097-1105.

[7] He K M, Zhang X Y, Ren S Q, et al. Deep residual learning for image recognition. IEEE Conference on Computer Vision and Pattern Recognition, Las Vegas, 2016: 770-778.

[8] 孙琦钰, 赵超强, 唐漾, 等. 基于无监督域自适应的计算机视觉任务研究进展. 中国科学:技术科学, 2022, 52(1): 26-54.

[9] Long M S, Wang J M, Ding G G, et al. Transfer feature learning with joint distribution adaptation. Proceedings of the IEEE International Conference on Computer Vision, Sydney, 2013: 2200-2207.

[10] Hull J J. A database for handwritten text recognition research. IEEE Transactions on Pattern Analysis and Machine Intelligence, 1994, 16(5): 550-554.

[11] Ren S, He K, Girshick R, et al. Faster R-CNN: Towards real-time object detection with region proposal networks. IEEE Transactions on Pattern Analysis and Machine Intelligence, 2015, 39(6): 1137-1149.

第 5 章　多源跨域图像迁移学习

单个来源的数据不能覆盖全面信息，多视角的信息进行迁移可有效提高分类精度[1]。因此在第 4 章的基础上，本章对多源到单目标域的迁移展开研究。在多源到单目标域的迁移中，多源聚合下公共特征提取困难，会造成迁移性能不高。基于此，本章提出一种基于自监督任务的多源无监督域适应方法。该方法包括公共特征提取器、自监督辅助任务、源域分类器三个部分。在公共特征提取的基础上，引入三个自监督辅助任务，在保持语义信息一致性的同时能够充分挖掘无标签数据的内在信息，在伪标签作用下实现无标签数据的对齐，并利用有标签数据训练多源域分类器，进行边界决策优化，以减少各域公共类别分类差异，设置了动态权重参数解决类别不均衡下分类精度不高的问题。同时，针对多分类器会造成融合决策复杂，导致模型分类精度效果较差，本章进一步提出一种序贯式多源域自适应(sequential multi-source domain adaption，SMSDA)方法。不同于现有的多源域自适应方法，该方法通过域间样本分布和数量差异性得到源域排列顺序的描述度量标准，并以此标准进行源域与目标域的类别对齐实现序贯式域自适应，得到更多可迁移特征，提高其分类精度。由于多源域到多目标域是现实中普遍存在的迁移场景，然而目前相关研究受限于多个源域之间、多个目标域之间、各个源域和目标域之间分布或任务的差异性，且以往的单源到单目标域的迁移、多源到单目标域的迁移、单源到多目标域的迁移在解决多源到多目标域的问题时，因自身模型的限制会造成分类精度较低。因此，在单源到单目标域、多源到单目标域迁移的基础上，本章提出更复杂的多源到多目标域的迁移方法，实验表明，该方法在多源到多目标域的迁移场景中具有更高的精度。

5.1　基于自监督任务的多源无监督域自适应

5.1.1　多源无监督域自适应网络

1. 总体框架

在多源无监督域自适应的场景中，将多个带有标签信息的源域数据表示为 $D_s^j=\{x_{i,j}^s,y_{i,j}^s\}$，其中无标签信息的数据可表示为 $\overline{D}_s^j=\{\overline{x}_{i,j}^s\}$。目标域中的无标签数据表示为 $D_t=\{x_t\}$；源域和目标域中无标签数据定义为 $D_u^j=\{\overline{x}_{i,j}^s\cup x_t\}=\{x_u\}$。公共特征提取器表示为 F。为了能够提取到更高质量的语义特征，本节使用三个自监督任务：旋转、水平翻转和位置预测。将经过各自监督任务转换后的源域和目标域数据分别表示为

$$T_k^j(s)=\left\{t_k^j(\overline{x}_{i,j}^s),y_i^j\right\} \tag{5-1}$$

$$T_k^j(t)=\{t_k^j(x_t),y_i^j\} \tag{5-2}$$

其中，k 表示三个自监督任务；t_k^j 表示源域 j 的第 k 个任务；y_i^j 表示样本经过自监督任务训练得到的伪标签。

多源无监督域自适应网络总体框架如图 5-1 所示。该框架流程是选取一个批次的源域标签数据，通过公共特征提取器进行各源域分类器训练。选取相同批次的源域和目标域无标签数据，通过公共特征提取器之后进行自监督任务训练，使域之间能够对齐，将源域分类器更好地推广到目标域。对各源域分类边界进行优化后，输出各分类器的最优结果，得到目标域的最终输出。

在训练源域分类器时，将从公共特征提取器得到的各源域标签样本特征送入特定的线性层 $\varPhi_s^j$，进行分类训练。源域分类损失可以表示为

$$\ell_{\mathrm{cls}}(D_s^j;F(x_{i,j}^s),\varPhi_s^j)=\sum_{\{x_{i,j}^s,y_{i,j}^s\}\in D_s^j}L_s^j(\varPhi_s^j(F(x_{i,j}^s)),y_{i,j}^s) \tag{5-3}$$

其中，L_s^j 表示某一源域 j 的分类损失。

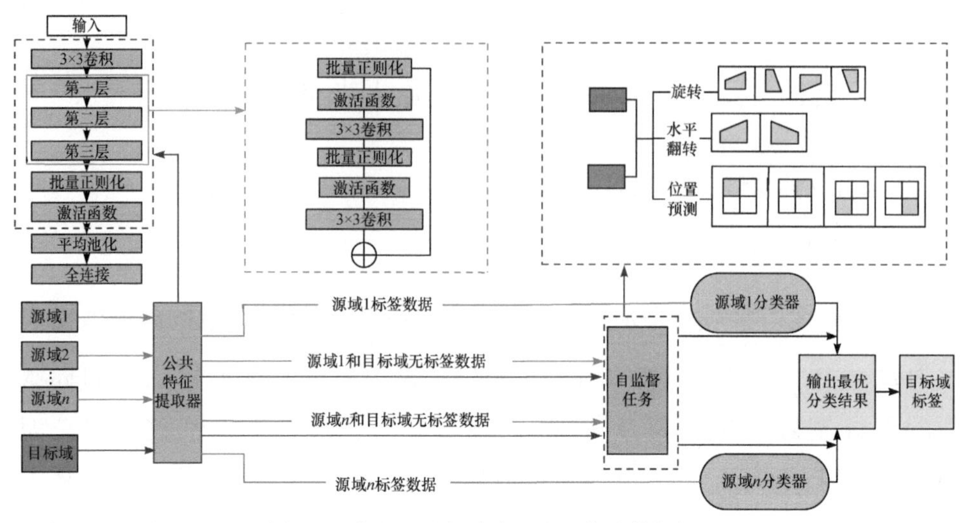

图 5-1　多源无监督域自适应网络总体框架

2. 基于自监督辅助任务的对齐

为了使特征包含更多的语义信息，对齐域间特征分布并使其差异最小化，使用图像旋转、水平翻转、位置预测辅助自监督任务。在每个自监督任务训练中，对源域和目标域的伪标签分类损失进行优化，保证两个域间的无标签数据能够沿着任务相关方向对齐。两个损失函数分别表示为

$$\ell_s(t_k^j(\overline{x}_{i,j}^s);F,\Phi_k^j)=\sum_{\{t_k^j(\overline{x}_{i,j}^s),y_i^j\}\in T_k^j(s)}L_{k,j}^s(\Phi_k^j(t_k^j(\overline{x}_{i,j}^s)),y_i^j) \tag{5-4}$$

$$\ell_t(t_k^j(x_t);F,\Phi_k^j)=\sum_{\{t_k^j(x_t),y_i^j\}\in T_k^j(t)}L_{k,j}^t(\Phi_k^j(t_k^j(x_t)),y_i^j) \tag{5-5}$$

其中，$L_{k,j}^s$ 表示源域 j 第 k 个自监督任务损失；$L_{k,j}^t$ 表示目标域 j 第 k 个自监督任务损失。

在自监督任务训练中，每对源域和目标域的自监督任务对齐损失函数可以表示为

$$\begin{aligned}\ell_{\mathrm{st}}(t_k^j(\overline{x}_{i,j}^s),t_k^j(x_t);F,\Phi_k^j)=&\sum_{\{t_k^j(\overline{x}_{i,j}^s),y_i^j\}\in T_k^j(s)}L_{k,j}^s(\Phi_k^j(t_k^j(\overline{x}_{i,j}^s)),y_i^j)\\&+\sum_{\{t_k^j(x_t),y_i^j\}\in T_k^j(t)}L_{k,j}^t(\Phi_k^j(t_k^j(x_t)),y_i^j)\end{aligned} \tag{5-6}$$

其中，y_i^j 表示无标签数据经过自监督任务转换的伪标签；Φ_k^j 表示第 k 个

自监督任务的线性层。

同时，样本进行自监督任务训练的目的是无标签数据通过辅助任务学习有意义的图像语义信息。这种信息应该是一致的，但是许多辅助任务会导致原信息与转换后的信息不同。为了保持转换前、后语义信息的一致性，保护相应的语义信息，受 Misra 等[2]的启发，采用噪声对比估计作为语义一致损失对自监督任务进行优化。

将原始图像的特征表示为 $F(x_{i,j}^u)$，转换后的图像特征可表示为 $F(t_k^j(x_{i,j}^u))$，将一组样本中除原始图像外的其他图像视为负样本并表示为 $F(x_{i,j}^o)$，则噪声对比估计器的概率建模可表示为

$$
\begin{aligned}
& h(F(x_{i,j}^u),F(t_k^j(x_{i,j}^u))) \\
& = \frac{\exp\left(\dfrac{s(F(x_{i,j}^u),F(t_k^j(x_{i,j}^u)))}{\tau}\right)}{\exp\left(\dfrac{s(F(x_{i,j}^u),F(t_k^j(x_{i,j}^u)))}{\tau}\right)+\sum\limits_{x_{i,j}^o\in D_N}\exp\left(\dfrac{s(F(t_k^j(x_{i,j}^u)),F(x_{i,j}^o))}{\tau}\right)}
\end{aligned}
\tag{5-7}
$$

其中，$s(\cdot)$ 为测量两个特征分布之间的相似性；τ 为温度参数；D_N 为负样本集。

在训练过程中，自监督任务语义一致损失可以表示为

$$
\begin{aligned}
\ell_{\text{nce}}(F(x_{i,j}^u),F(t_k^j(x_{i,j}^u))) = & -\lg[h(\Phi_u(F(x_{i,j}^u)),\Phi_t(t_k^j(x_{i,j}^u)))] \\
& -\sum_{x_{i,j}^o\in D_N}\lg[1-h(\Phi_t(F(t_k^j(x_{i,j}^u))),\Phi_o(F(x_{i,j}^o)))]
\end{aligned}
\tag{5-8}
$$

其中，Φ_u 为原始图像的线性层；Φ_t 为自监督任务转换后图像的线性层；Φ_o 为负样本的线性层；$h(\cdot,\cdot)$ 表示括号内两项噪声对比估计。

3. 源域分类器的对齐

各源域决策边界附近的目标样本容易被源域分类器错误分类，由于分类器是在不同的源域上训练的，它们在目标样本的预测上可能存在误差。为了减小分类误差，需要最小化所有分类器之间的差异。域间差异损失可以表示为

$$\ell_{\mathrm{op}}(x;F,\Phi_a,\Phi_j)=\frac{2}{N(N-1)}\sum_{a=1}^{N}\sum_{j=a+1}^{N}\left\|\frac{1}{m}\sum_{x\in D_s^j}\Phi_a(F(x))-\frac{1}{n}\sum_{x\in D_s^j}\Phi_j(F(x))\right\|_2 \tag{5-9}$$

其中，n 为源域 a 中的标签数量；m 为源域 j 中的标签数量；N 为源域的个数。

现有的多源域自适应方法对类别不均衡场景下的迁移研究较少，训练所得的模型易忽略样本较少的类别，导致测试集上得到的目标域分类器泛化性能较差，影响分类精度。基于少样本大权重的原则，本章提出动态样本权重参数的设置，提高模型的迁移性能。权重参数的公式可以表示为

$$\omega_i=\frac{n'}{n_i} \tag{5-10}$$

其中，n' 为所有源域内样本类别数目的中值；n_i 为一个域内每个类别样本的数量。

4. 损失函数

类别均衡下，当每对源域和目标域进行对齐优化时，总的损失函数包括源域分类损失、自监督任务对齐损失、自监督任务语义一致损失和域间差异损失(每对源域和目标域训练期间使用的损失函数相同)。总体损失函数可以表示为

$$\begin{aligned}\ell_{\mathrm{all}}&=\ell_{\mathrm{cls}}(D_s^j;F(x_{i,j}^s),\Phi_s^j)+\ell_{\mathrm{st}}(t_k^j(\overline{x}_i^s);F,\Phi_k^j)\\&\quad+\ell_{\mathrm{nce}}(F(x_{i,j}^u),F(t_k^j(x_{i,j}^u)))+\ell_{\mathrm{op}}(x;F,\Phi_a,\Phi_j)\end{aligned} \tag{5-11}$$

类别不均衡下，为了有效平衡样本，在每对源域和目标域的训练过程中，添加权重参数以提高分类精度。权重参数体现在每一个损失函数中，总体损失函数可以表示为

$$\begin{aligned}\ell'_{\mathrm{all}}&=\omega_i\ell_{\mathrm{cls}}(D_s^j;F(x_{i,j}^s),\Phi_s^j)+\omega_i\ell_{\mathrm{st}}(t_k^j(\overline{x}_i^s);F,\Phi_k^j)+\omega_i\ell_{\mathrm{op}}(x;F,\Phi_a,\Phi_j)\\&\quad+\omega_i\ell_{\mathrm{nce}}(F(x_{i,j}^u),F(t_k^j(x_{i,j}^u)))\end{aligned} \tag{5-12}$$

5.1.2　实验与分析

1. 数据集和实验细节

实验数据：采用 Office-31 数据集和 Office-Caltech10 数据集，验证本节模型的性能。

Office-31[3,4]数据集：包括 4110 张图像，来自 3 个不同领域，即亚马逊网、网络摄像头和单反相机拍摄。每个域均由 31 个类别组成，分别包含 2817 张、795 张和 498 张图像。将 3 个域分别标记为 A、W、D，任意选其中 2 个为源域、1 个为目标域进行实验。为了实现无偏评估，评估所有迁移任务：A、W-D；A、D-W；D、W-A。

Office-Caltech10 数据集：包含 2533 张图像，分别来自 4 个不同的领域。每个域由 10 个类别组成，分别包含 958 张、157 张、295 张和 1123 张图像。将 4 个域分别标记为 A、D、W 和 C，任选其中 3 个为源域、1 个为目标域进行实验。为了实现无偏评估，评估所有 4 个迁移任务：A、C、W-D；A、C、D-W；C、W、D-A；A、D、W-C。

实验设置：实验中使用 PyTorch 框架，利用 ResNet 提取图像特征，采用自适应矩估计优化器，一阶矩估计的指数衰减率 β_1 设置为 0.9，二阶矩估计的指数衰减率 β_2 设置为 0.999。在 3 种自监督任务训练的过程中，使用的初始学习率均为 0.1。从两个方面对模型性能进行分析：①与现有的主流方法进行分类精度对比分析。在 Office-31 数据集中，从单源迁移、源域组合和多源迁移三方面对 DAN[5]、ADDA[6]、翻转梯度[7]、JAN[8]、最大分类器差异(maximum classifier discrepancy，MCD)[9]、深度鸡尾酒网络(deep cocktail network，DCTN)[10]、多源域自适应网络(multisource domain adversarial network，MDAN)[11]、多源蒸馏域自适应(multi-source distilling domain adaptation，MDDA)[12]和矩匹配多源域自适应(moment matching for multi-source domain adaptation，M^3SDA)[13]方法进行比较。在 Office-Caltech10 数据集中，从源域组合和多源迁移两方面对 DAN、DCTN、M^3SDA 方法进行比较。②在类别不均衡的条件下，保持样本类别个数，对每个类别中的样本量进行调整，对设置动态权重参数前、后的分类精度进行对比分析。

2. 实验结果对比分析

为了验证所提模型的有效性，在 Office-31 数据集和 Office-Caltech10 数据集中与现有的主流方法在分类精度方面进行对比分析，实验结果如表 5-1 和表 5-2 所示。其中，单源迁移是将单个源域的知识迁移到目标域，源域组合是将多个源域混合到一起向目标域进行迁移，多源迁移是对多个源域的信息进行更加有效的融合，进而向目标域进行迁移。从表 5-1 和表 5-2 可以看出，单源迁移的分类精度最低，这是由于从单个源域中只能提取到有限的标签信息。当进行源域组合时，多个源域分布存在差异导致公共特征提取困难，造成迁移性能不高。多源迁移的分类性能最高，说明本节方法取得了较好的分类结果。

表 5-1 Office-31 数据集上分类精度比较结果 (单位：%)

类型	方法	A、W-D	A、D-W	D、W-A	平均值
单源迁移	DAN	99.0	96.0	54.0	83.0
	ADDA	99.4	95.3	54.6	83.1
	翻转梯度	99.2	96.4	53.4	83.0
源域组合	DAN	98.8	96.2	54.9	83.3
	JAN	99.4	95.9	54.6	83.3
	MCD	99.5	96.2	54.4	83.4
	翻转梯度	98.8	96.2	54.6	83.2
多源迁移	DCTN	99.6	96.9	54.9	83.8
	M^3SDA	99.4	96.2	55.4	83.7
	MDAN	99.2	95.4	55.2	83.3
	MDDA	99.2	97.1	56.2	84.2
	本节方法	99.6	97.2	56.4	84.4

表 5-2 Office-Caltech10 数据集上分类精度比较结果 (单位：%)

类型	方法	A、C、D-W	A、C、W-D	A、D、W-C	C、W、D-A	平均值
源域组合	直接迁移	99.0	98.3	87.8	86.1	92.8
	DAN	99.3	98.2	89.7	94.8	95.5

续表

类型	方法	A、C、D-W	A、C、W-D	A、D、W-C	C、W、D-A	平均值
多源迁移	直接迁移	99.1	98.2	85.4	88.7	92.9
	DAN	99.5	99.1	89.2	91.6	94.9
	DCTN	99.4	99.0	90.2	92.7	95.3
	M^3SDA	99.4	99.2	91.5	94.1	96.1
	本节方法	99.5	99.2	90.2	93.3	95.5

在 Office-31 数据集中，W 域与 D 域有较高的相似性，但它们与 A 域的差异性较大，因此前两组任务精度较高，第三组任务的分类性能较差。本节方法在三组任务中精度有所提高，表明在自监督任务训练中，模型所获得的特征具有更高级的语义信息，为下一步域间对齐提供了有效的辅助信息。

在 Office-Caltech10 数据集中，W 域、D 域的样本量较少，A 域、C 域的样本量较多，样本量较多的域向样本量较少的域迁移时的分类精度相对较高，故各个域向 A 域、C 域迁移时的精度较低。后两组任务中本节方法的分类精度相对低于 M^3SDA 方法，这两种方法均是基于 ResNet 实现的，但 M^3SDA 方法使用的是 ImageNet 数据集预训练后的模型，即自然场景中的对象识别，优势在于拥有大量的预训练数据，故分类精度相对较高。在相同样本量的情况下，本节方法与所有的主流方法相比分类精度有所提高，表明本节模型不仅能够提取到更高级的语义知识，促进域间对齐，而且利用域间差异损失减少了各源域间决策边界的分类差异，提高了分类器的泛化能力，取得了较好的分类结果。

进一步，在 Office-31 和 Office-Caltech10 数据集上进行调整，构造出类别不均衡的条件，为了构造类别不均衡的场景，在样本量较多的类别中，对样本量进行删减；在样本量较少的类别中，对所有样本进行复制，直接添加在当前类别中。

在 Office-31 数据集中，取每个域中的 4 个类别，对各类别的样本量进行调整，以构造出类别不均衡的条件。在 A、D-W 这一组任务中，类别 1 和类别 2 中的 A 域、D 域迁移样本量比例均为 8：1，类别 3 和类别 4 中的

A 域、D 域迁移样本量比例均为 4：1；在 A、W-D 中，类别 1 和类别 2 中的 A 域、W 域迁移样本量比例均为 8：1，类别 3 和类别 4 中的 A 域、W 域迁移样本量比例均为 2.5：1。在 Office-Caltech10 数据集中，取每个域中 3 个类别，各类别的样本量调整如下。在 A、D、W-C 这一组任务中，类别 1 的样本量比例为 9：3：1，类别 2 的样本量比例为 4：1：1，类别 3 的样本量比例为 9：3：1。在 A、C、D-W 这一组任务中，类别 1 的样本量比例为 9：1：15，类别 2 的样本量比例为 4：1：5，类别 3 的样本量比例为 3：1：3。在 C、D、W-A 这一组任务中，类别 1 的样本量比例为 1：3：15，类别 2 的样本量比例为 1：1：5，类别 3 的样本量比例为 1：3：10。在 A、C、W-D 这一组任务中，类别 1 的样本量比例为 3：5：1，类别 2 的样本量比例为 4：5：1，类别 3 的样本量比例为 3：3：1。

根据每个域不同类别中样本的数量，利用式(5-10)设置样本特征的权重参数，在模型训练中对各样本特征添加权重参数。在同一个域中，样本量比例较小的类别设置的权重较大，样本量比例较大的类别设置的权重较小，可以达到平衡样本的效果。

为了验证权重参数对平衡样本的有效性，对添加权重参数前、后模型的分类性能进行对比分析，分类精度如表 5-3 和表 5-4 所示。

表 5-3　类别不均衡下 Office-31 数据集上分类精度对比结果　(单位：%)

情况	A、D-W	A、W-D	D、W-A	平均值
添加权重参数前	81.0	82.6	42.4	68.7
添加权重参数后	87.8	85.5	42.7	72.0

表 5-4　类别不均衡下 Office-Caltech10 数据集上分类精度对比结果(单位：%)

情况	A、C、D-W	C、W、D-A	A、D、W-C	A、C、W-D	平均值
添加权重参数前	75.3	67.8	63.7	79.3	71.5
添加权重参数后	83.5	76.4	67.3	83.0	77.6

可以看出，添加权重参数后，模型的分类精度有所提升。在 A、D-W 这一组任务中，添加权重参数后，精度提高了 6.8 个百分点；在 A、C、

D-W 这一组任务中，添加权重参数后，精度提高了 8.2 个百分点。由以上对比结果可知，在类别不均衡的条件下，当每对源域和目标域训练时，在样本量较少的类别中，难以提取特征，数量较多的样本会被模型过度依赖而导致过拟合。在多源场景中，各源域均存在类别不均衡的问题，造成训练目标域分类器更加困难。当模型应用到目标域上时，模型的性能达不到理想效果。在添加权重参数后，有效平衡了各源域间的样本，使得模型对丰富类和稀有类更加公平，解决了样本较少时难以提取特征的问题，提高了分类器的泛化能力，优化了模型的迁移性能。

5.2　序贯式多源域自适应

5.2.1　序贯式多源域自适应方法

1. 总体框架

在序贯式多源场景中，将源域数据表示为 $D_s^j = \{x_{i,j}^s, y_{i,j}^s\}$ ， $y_{i,j}^s$ 是指源域数据相应的标签信息；将目标域中的数据表示为 $D_t = \{x_k^t\}$ 。将公共特征提取器表示为 F ，并为每个源域设置单独的特征提取器 H_j ，每个源域的分类器可表示为 C_j 。

序贯式多源自适应方法总体框架如图 5-2 所示。

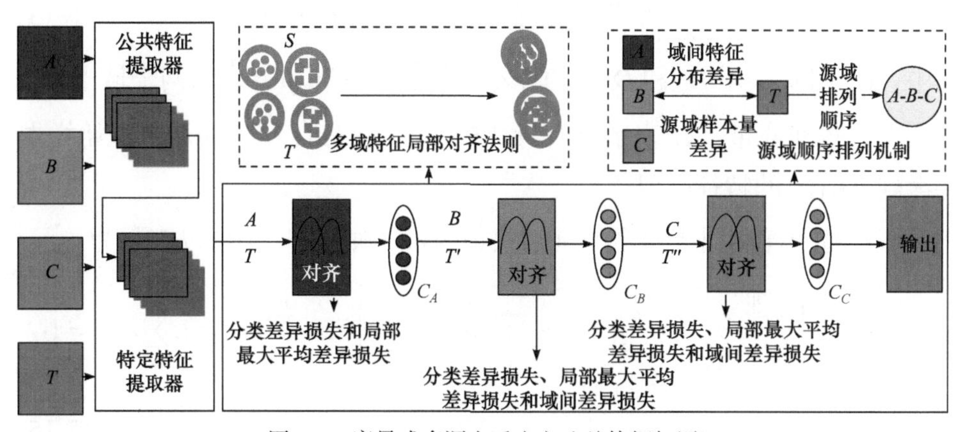

图 5-2　序贯式多源自适应方法总体框架图

A、*B* 和 *C* 表示源域，*T* 表示目标域，*T′* 表示与 *A* 迁移过后的目标域，*T″* 表示 *A* 和 *B* 迁移过后的目标域，C_A 表示源域 *A* 的分类器，C_B 表示源域 *B* 的分类器，C_C 表示源域 *C* 的分类器

首先，所有域的样本经过公共特征提取器 F 后，A 域和 T 域经过特定于 A 域的特征提取网络 H_A，进行局部域自适应，送入第一个源域的分类器 C_A 得到此时的目标域样本 $x_{k,1}^t$；然后，$x_{k,1}^t$ 和 B 域经过特定于 B 域的特征提取网络 H_B，进行局部域自适应，再经过 B 域的分类器 C_B 输出此时的 T 域样本 $x_{k,2}^t$；最后，C 域和 $x_{k,2}^t$ 进行域自适应后，输出目标域标签信息。

2. 多域特征局部对齐法则

在各个源域中，通过公共特征提取器 F 得到具有标签信息的各源域数据，将其送入特定于各源域的特征提取器 H_j 进行分类器 C_j 训练。各源域分类损失 ℓ_{cls}^j 可表示为

$$\ell_{\text{cls}}^j(D_s^j;H_j(F(x_{i,j}^s)),C_j)=\sum_{\{x_{i,j}^s,y_{i,j}^s\}\in D_s^j}L_s^j(C_j(H_j(F(x_{i,j}^s))),y_{i,j}^s) \tag{5-13}$$

全局分布对齐的主要问题是模型经过对齐训练后，难以识别出样本间的不相关性。为了解决全局分布对齐导致的不相关数据过于接近，进而影响迁移性能的问题，本节基于细粒度思想[14]，提出多域特征局部对齐法。采用多域特征局部对齐法，在各类别中挖掘大量的细粒度信息，学习更多的可迁移特征，不仅可以减少域间间隙，也可以减少域内间隙，提高域间的迁移性能。其局部最大平均差异损失可表示为

$$\ell_{\hat{d}_H(p,q)}=E_c\left\|E_{p(c)}^j[\phi(x_{i,j}^s)]-E_{q(c)}[\phi(x_k^t)]\right\|_H^2 \tag{5-14}$$

其中，$x_{i,j}^s$ 和 x_k^t 表示 D_s^j 和 D_t 中的样本实例；$p(c)$ 和 $q(c)$ 表示两个域中第 c 个类别的数据分布；H 表示具有特征核 k 的 RKHS；$\phi(\cdot)$ 表示将原始样本映射到 RKHS 的特征映射。

假设每个样本属于每个类别的权重为 ω，则式(5-14)可以表示为

$$\ell_{\hat{d}_H(p,q)}=\frac{1}{C}\sum_{c=1}^{C}\left\|\sum_{x_{i,j}^s\in D_s^j}\omega_{c,i}^{s,j}\phi(x_{i,j}^s)-\sum_{x_k^t\in D_t}\omega_{c,k}^t\phi(x_k^t)\right\|_H^2,\quad \sum_{i=1}^{n_s}\omega_{c,i}^s=1;\sum_{k=1}^{n_t}\omega_{c,k}^t=1 \tag{5-15}$$

其中，$\omega_{c,i}^{s,j}$ 表示第 j 个源域中第 i 个样本即 $x_{i,j}^s$ 属于类别 c 的权重，源域样

本使用真实标签作为独立编码向量进行计算；$\omega_{c,k}^{t}$ 表示样本 x_k^t 属于类别 c 的权重；每个样本的权重 $\omega_{c,i}$ 可以表示为

$$\omega_{c,i}=\frac{y_{ic}}{\sum_{(x_k^{s,j},x_k^t)\in D} y_{kc}} \tag{5-16}$$

其中，y_{ic} 表示 y_i 的第 c 个条目。

为简化计算 $\phi(\cdot)$，可以将式(5-15)写为

$$\begin{aligned}\ell_{\hat{d}_l(p,q)}=&\frac{1}{c}\sum_{c=1}^{C}\left[\sum_{i=1}^{n_s}\sum_{k=1}^{n_t}\omega_{c,i}^{s,j}\omega_{c,k}^{s}\kappa(Z_{l,i}^{s,j},Z_{l,k}^{s})+\sum_{i=1}^{n_s}\sum_{k=1}^{n_t}\omega_{c,i}^{t,j}\omega_{c,k}^{t}\kappa(Z_{l,i}^{t,j},Z_{l,k}^{t})\right.\\&\left.-2\sum_{i=1}^{n_s}\sum_{k=1}^{n_t}\omega_{c,i}^{s,j}\omega_{c,k}^{t}\kappa(Z_{l,i}^{s,j},Z_{l,k}^{t})\right]\end{aligned} \tag{5-17}$$

其中，n_s 表示源域中的标记样本；n_t 表示目标域中无标记样本；κ 表示特征核；Z_l 表示第 l 层的输出值。

3. 域间分类器对齐

源域和目标域的序贯式域自适应会导致各源域之间决策边界的分类差异，从而影响目标域的分类性能[15]。本节进行域间分类器的对齐，通过前后两个源域对目标域的分类结果相减再取平均值，保证前后源域间对目标域具有相同的决策结果。域间差异损失可以表示为

$$\ell_{\text{dis}}(x;H_j,G_j)=\frac{2}{N(N-1)}\sum_{j=1}^{N}L_{\text{dis}}\left[C_i(H_i(F(x)))-C_{i-1}(H_{i-1}(F(x)))\right] \tag{5-18}$$

其中，N 表示源域的数量。

基于 5.1 节中类别不均衡下设置权重因子的思想，本节提出采用移动框架方法解决类别不均衡问题，并设置权重因子。权重因子可以表示为

$$\omega_i=\frac{\hat{y}_i}{y_i} \tag{5-19}$$

其中，$\hat{y}_i$ 表示源域分类器结果的均值；y_i 表示源域分类器的分类结果。

4. 优化损失函数

在本节所提方法中，损失函数总体框架如图 5-3 所示。

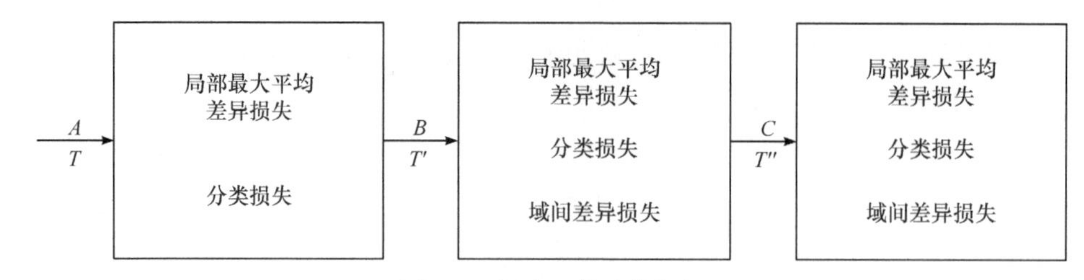

图 5-3 损失函数总体框架

A、B 和 C 表示源域，T 表示目标域，T′ 表示与 A 迁移过后的目标域，T″ 表示与 A 和 B 迁移过后的目标域

假设第一个源域 D_s^1 中特定于域的特征提取器为 H_1，分类器为 C_1。第一次源域和目标域的序贯式域自适应的损失函数由源域分类损失和局部最大平均差异损失组成。最后一次的域间序贯式域自适应由三部分组成：分类损失、局部最大平均差异损失以及以上所有域间差异损失。第一次序贯式域自适应的损失函数可以表示为

$$\ell_1 = \underbrace{\ell_{\text{cls}}^1(D_s^1; H_1(F(x_{i,1}^s)), C_1)}_{\text{分类损失}} + \underbrace{\ell_{\hat{d}_l(p_1,q)}}_{\text{局部最大平均差异损失}} \tag{5-20}$$

第二个源域 D_s^2 中特定于域的特征提取器为 H_2，分类器为 C_2。第二次序贯式域自适应的损失函数可以表示为

$$\ell_2 = \underbrace{\ell_{\text{cls}}^2(D_s^2; H_2(F(x_{i,2}^s)), C_2)}_{\text{分类损失}} + \underbrace{\ell_{\hat{d}_l(p_2,q_1)}}_{\text{局部最大平均差异损失}} + \underbrace{\ell_{\text{dis}}(x; H_1, H_2, C_1, C_2)}_{\text{域间差异损失}} \tag{5-21}$$

其中，$\ell_{\hat{d}_l(p_2,q_1)}$ 为第二个源域与经过第一个源域迁移以后的目标域之间的局部最大平均差异损失；$\ell_{\text{dis}}(x; H_1, H_2, C_1, C_2)$ 为第一个源域与第二个源域之间的域间差异损失。

第 n 个源域 D_s^n 中特定于域的特征提取器为 H_n，分类器为 C_n，则第 n 次序贯式域自适应的损失函数可以表示为

$$\ell_n = \underbrace{\ell_{\text{cls}}^n(D_s^n; H_n(F(x_{i,n}^s)), C_n)}_{\text{分类损失}} + \underbrace{\ell_{\hat{d}_l(p_n,q_{n-1})}}_{\text{局部最大平均差异损失}} + \underbrace{\ell_{\text{dis}}(x; H_1, \cdots, H_n, C_1, \cdots, C_n)}_{\text{域间差异损失}} \tag{5-22}$$

其中，$\ell_{\hat{d}_l(p_n,q_{n-1})}$ 为第 n 个源域与经过前 $n-1$ 个源域迁移后的目标域之间的最大平均差异；$\ell_{\text{dis}}(x; H_1, \cdots, H_n, C_1, \cdots, C_n)$ 为第 n 个源域和前 $n-1$ 个源域之

间的域间差异损失。

面对样本不均衡的场景，添加权重因子后的总体优化损失函数可以表示为

$$
\begin{cases}
\ell_1 = \omega_i \ell_{\mathrm{cls}}^1 (D_s^1; H_1(F(x_{i,1}^s)), C_1) + \omega_i \ell_{\hat{d}_l(p_1,q)} \\
\ell_2 = \omega_i \ell_{\mathrm{cls}}^2 (D_s^2; H_2(F(x_{i,2}^s)), C_2) + \omega_i \ell_{\hat{d}_l(p_2,q_1)} + \ell_{\mathrm{dis}}(x; H_1, H_2, C_1, C_2) \\
\quad \vdots \\
\ell_n = \omega_i \ell_{\mathrm{cls}}^n (D_s^n; H_n(F(x_{i,n}^s)), C_n) + \omega_i \ell_{\hat{d}_l(p_n,q_{n-1})} + \ell_{\mathrm{dis}}(x; H_1, \cdots, H_n, C_1, \cdots, C_n)
\end{cases}
\tag{5-23}
$$

5.2.2 实验与分析

1. 数据集及实验设置

实验数据：本节使用三个广泛运用的数据集，其中，Office-31 数据集由 4652 张图像组成，共三个域，分别记作 A、W、D，每个领域中包含 31 个类别。ImageCLEF-DA 数据集包含 600 张图像，由三个域组成，分别记作 I、C、P，每个域包含 12 个类别(飞机、自行车、鸟、船、瓶子、公共汽车、汽车、狗、马、监视器、摩托车和人)。Office-Home 由四个不同领域的图像组成，分别记作 C*、P*、R*、A*，每个域中包含 65 个类别。

实验设置：实验主要从三个方面对模型性能进行分析。①与现有主流方法进行分类精度对比分析。在 ImageCLEF-DA 数据集中设置三组实验：I、C-P，I、P-C 和 P、C-I，分别与翻转梯度、DAN、残差迁移网络(residual transfer networks，RTN)、DCTN 等主流方法进行对比分析。②在 Office-31 数据集中设置三组实验：A、W-D，A、D-W 和 D、W-A，分别与迁移成分分析(transfer component analysis，TCA)、测地线流内核(geodesic flow kernel，GFK)、深度域混淆(deep domain confusion，DDC)、深度重构分类网络(deep reconstruction-classification network，DRCN)、翻转梯度、DAN 等主流方法进行对比分析。③在 Office-Home 数据集中设置四组实验：C*、P*、R*-A*，A*、P*、R*-C*，A*、C*、R*-P*和 A*、C*、P*-R*，分别与 DDC、

翻转梯度、DAN、深度相关对齐(deep correlation alignment，D-CORAL)等主流方法进行对比分析。

采用 PyTorch 作为深度神经网络的编程框架，使用 ResNet-50 作为公共特征提取层，为每个源域设计一个子特征提取器。图像输入大小为 224×224 像素，初始学习率设置为 0.01，批量大小均为 16，使用随机梯度下降优化器。

2. 实验结果对比分析

实验在三个数据集中与现有的主流方法进行对比分析，分类精度对比分别如表 5-5～表 5-7 所示。其中，单源最优表示单源域到单目标域的迁移，源域聚合表示将源域数据聚合在一起向目标域迁移，多源迁移表示现有的主流方法。从表 5-5～表 5-7 可以看出，采用 DAN 的源域聚合方法其分类精度高于单源迁移，是由于多源域聚合下会提取到更多的可迁移特征。现有的主流方法分类精度进一步提高，因为多源域聚合下，域间的分布差异性会导致提取域不变特征困难，影响分类精度。实验结果验证了所提出模型的有效性，能够选取最优迁移顺序，并且捕获更多细粒度信息，减少域间类别间隙，提高目标域分类器的泛化能力和分类性能。

表 5-5 ImageCLEF-DA 数据集上分类精度对比 (单位：%)

标准	方法	I、C-P	I、P-C	P、C-I	平均值
单源最优	翻转梯度	66.5	89.0	81.8	79.1
	DAN	67.3	88.4	80.5	78.7
	RTN	67.4	89.5	81.3	79.4
源域聚合	直接迁移	68.3	88.0	81.2	79.2
	翻转梯度	67.0	90.7	81.8	79.8
	DAN	68.8	88.8	81.3	79.6
多源迁移	DCTN	68.8	90.0	83.5	80.8
	SMSDA	76.2	93.0	92.0	87.1

表 5-6 Office-31 数据集上分类精度对比 (单位：%)

标准	方法	A、W-D	A、D-W	D、W-A	平均值
单源最优	TCA	95.2	93.2	51.6	80
	GFK	95.0	95.6	52.4	81

续表

标准	方法	A、W-D	A、D-W	D、W-A	平均值
单源最优	DDC	98.5	95.0	52.2	81.9
	DRCN	99.0	96.4	56.0	83.8
	翻转梯度	99.2	96.4	53.4	83
	DAN	99.0	96.0	54.0	83
	RTN	99.6	96.8	51.0	82.5
源域聚合	直接迁移	98.1	93.2	50.2	80.5
	翻转梯度	98.8	96.2	54.6	83.2
	DAN	98.8	95.2	67.6	87.2
多源迁移	直接迁移	98.2	92.7	51.6	80.8
	DCTN	99.6	96.9	64.2	86.9
	5.1 节方法	99.6	97.2	56.4	84.4
	SMSDA	**100.0**	**98.5**	**69.4**	**89.3**

表 5-7　Office-Home 数据集上分类精度对比　(单位：%)

标准	方法	C*、P*、R*-A*	A*、P*、R*-C*	A*、C*、R*-P*	A*、C*、P*-R*	平均值
单源最优	DDC	64.1	50.8	78.2	75.0	67.0
	DAN	68.2	56.5	80.3	75.9	70.2
	D-CORAL	67.0	53.6	80.3	76.3	69.3
	翻转梯度	67.9	55.9	80.4	75.8	70.0
源域聚合	DAN	68.5	59.4	79.0	82.5	72.4
多源迁移	SMSDA	**68.6**	**59.4**	79.0	78.1	71.3

在 ImageCLEF-DA 数据集中，设置两种不同情况：一种是将源域和目标域数据同时减少至 340 张图像，另一种是只将源域数据减少至 340 张图像，并与原始的分类精度以及现有多源域自适应方法进行对比分析，不同情况下 ImageCLEF-DA 数据集上分类精度对比如表 5-8 所示。实验结果表明，当样本量减少时，本节方法得到的精度比现有的主流方法有所提高，在训练中学习到了更多的可迁移特征，提升了分类性能。

表 5-8 不同情况下 ImageCLEF-DA 数据集上分类精度对比 (单位：%)

方法	I、C-P	I、P-C	P、C-I	平均值
DCTN	68.8	90.0	83.5	80.8
源域和目标域同时减少数据量	76.0	93.0	89.0	86.0
源域减少数据量	76.0	93.0	89.9	86.3
SMSDA	76.2	93.0	92.0	87.1

在 ImageCLEF-DA、Office-31、Office-Home 数据集上，基于本节方法分析全局对齐和局部对齐对分类精度的影响，实验结果如表 5-9～表 5-11 所示。SMSDAlmmd 代表采用全局对齐的序贯式多源域自适应方法，SMSDA 代表采用局部对齐的序贯式多源域自适应方法。从结果中可以看出，三种数据集下，局部对齐下的分类精度最高，全局对齐主要集中于源域和目标域的全局分布对齐，而没有考虑不同域中同一类别之间的关系。因此，全局对齐可能会导致一些不相关的数据过于接近，反而降低分类精度。同一类别中样本的相关性更强，因此应使用局部对齐提取更多的细粒度信息，提高分类精度。

表 5-9 ImageCLEF-DA 数据集上全局对齐与局部对齐分类精度对比 (单位：%)

任务	I、C-P	I、P-C	P、I-C	平均值
SMSDAlmmd	75	93	91	86.3
SMSDA	76.2	93	92	87.1

表 5-10 Office-31 数据集上全局对齐与局部对齐分类精度对比 (单位：%)

任务	A、W-D	A、D-W	D、W-A	平均值
SMSDAlmmd	99	96	68	87.7
SMSDA	100	98.5	69.4	89.3

表 5-11 Office-Home 数据集上全局对齐与局部对齐分类精度对比 (单位：%)

任务	C*、P*、R*-A*	A*、P*、R*-C*	A*、C*、R*-P*	A*、C*、P*-R*	平均值
SMSDAlmmd	68	58	78.2	77	70.3
SMSDA	68.6	59.4	79	78.1	71.3

实验进行了多对抗领域自适应(multi-adversarial domain adaptation，

MADA)方法与 SMSDA 方法的对比分析，结果如表 5-12 所示。所有的实验使用相同的数据集,时间指标是每次实验进行 10000 次迭代所用的时间，精度是在该数据集下所有迁移任务分类精度的平均值。从表 5-12 中可以看出，SMSDA 方法不仅提高了分类精度，也提高了效率，这表明该方法可以有效减少训练时间。

表 5-12　ImageCLEF-DA 数据集上 MADA 与 SMSDA 的结果比较

方法	时间/s	分类精度/%
MADA	4318	85.8
SMSDA	4163	86.7

5.3　基于相似性度量的多源到多目标域适应

5.3.1　基于相似性度量的多源到多目标域适应方法

1. 总体框架

本节提出一种基于相似性度量的多源到多目标域自适应方法(multi-source to multi-target domain adaptation method based on similarity measurement, MSMTDA)。该方法包含域间类别对齐、域间相似性度量和域间互学习三部分。基于样本特征描述域间的特征分布相似度和任务相关性，利用相似度以及相关性的融合决策对源域的可迁移性进行定义。选择性地进行源域和目标域之间的类别对齐，并根据提取到的特征和其训练得到的分类器分别使用距离函数进行动态双向优化，以达到相互学习的目的，提高分类性能。在多源到多目标域的场景中，本节提出的 MSMTDA 主要由域间对齐、相似性度量以及互学习三部分组成，总体框架如图 5-4 所示。源域和目标域经过公共特征提取器之后，首先经过各源域子特征提取器提取到私有特征，进行每对源域和目标域之间的子域自适应。然后，利用得到的各部分分类器进行源域和目标域之间的任务分布相似性度量，并融合源域和目标域之间的分布相似性，判断得到可迁移性强的源域。最后，在此基础上实现源间、目标域间的相互学习。本节将多个带有标签信息的源域数据表示

为 $D_j^s=\{x_{i,j}^s,y_{i,j}^s\}$，$x_{i,j}^s$ 表示源域中的数据样本；$y_{i,j}^s$ 表示源域中的样本标签；将目标域中的无标签数据表示为 $D_t^k=\{x_t^k\}$，其中，j 表示第 j 个源域；k 表示第 k 个目标域；将公共特征提取器表示为 F；每个源域的子网络表示为 H_j；源域分类器表示为 C_j^s；最终得到的目标域分类器可以表示为 C_k；源域相对于目标域得到的分类器可以表示为 C_{j-k}。

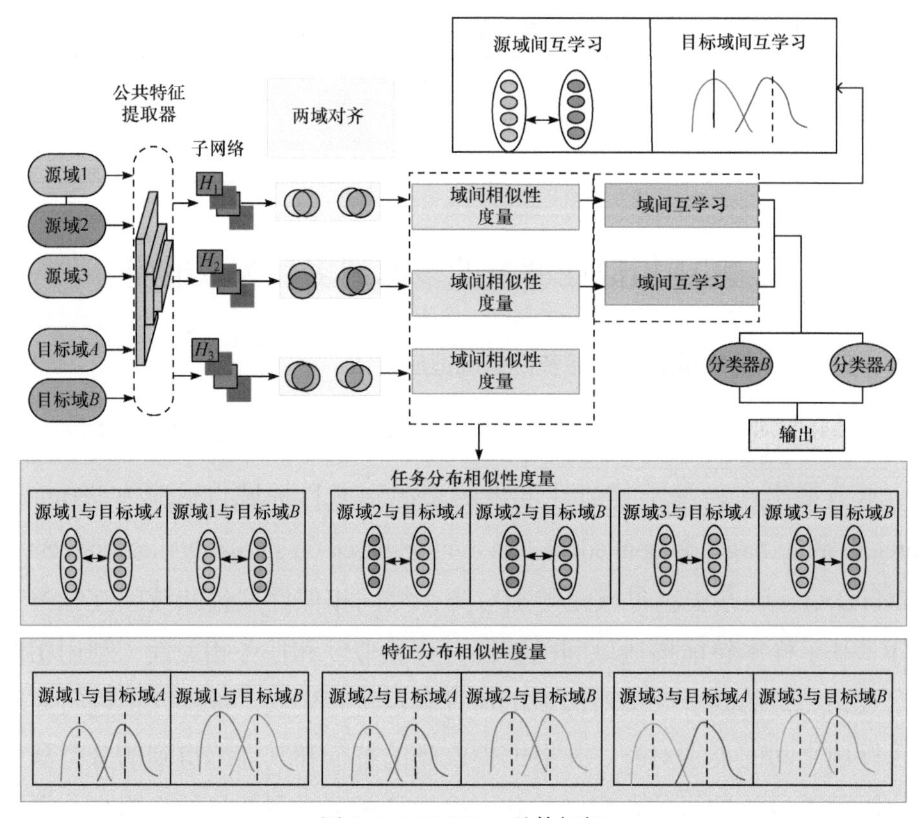

图 5-4 MSMTDA 总体框架

2. 域间相似性度量

在迁移学习中，不仅域间样本分布的相似度难以衡量，且由于无法判断域间任务的相关性，还会造成负迁移问题。因此，有必要度量源域和目标域之间的任务相似性以及分布相似性，以判断源域是否适合迁移。在图像分类的应用中，各域的任务是分配标签，度量任务之间的相似性即判断标签之间的相似性。因此，本节方法首先计算源域分类器以及目标域分类

器之间的距离作为任务相似性的度量依据，即

$$\mathrm{JS}(P_{C_j^s} \| Q_{C_{j-k}}) = \frac{1}{2}\sum P(C_j^s(x_{i,j}^s))\lg\left(\frac{P(C_j^s(x_{i,j}^s))}{P(C_j^s(x_{i,j}^s)) + Q(C_{j-k}(x_k^t))}\right) + \frac{1}{2}\sum Q(C_{j-k}(x_k^t))\lg\left(\frac{Q(C_{j-k}(x_k^t))}{P(C_j^s(x_{i,j}^s)) + Q(C_{j-k}(x_k^t))}\right) \tag{5-24}$$

其中，P、Q 分别为源域分类器和目标域分类器的分布。

为判断域间样本分布的相似性，度量源域和目标域间样本特征分布的相似性，即

$$\ell_{\cos\theta(x_{i,j}^s, x_k^t)} = \frac{\sum_{j=1}^{n}\sum_{k=1}^{m}(x_{i,j}^s x_k^t)}{\sqrt{\sum_{j=1}^{n}(x_{i,j}^s)^2}\sqrt{\sum_{k=1}^{m}(x_k^t)^2}} \tag{5-25}$$

其中，m、n 分别为目标域和源域的个数。

结合源域和目标域间的任务分布相似性以及样本分布相似性设置源域可迁移度阈值 ρ，作为源域是否适合向目标域迁移的判断依据，阈值 ρ 的设置公式具体为

$$\begin{cases} Z_{j-k} = \mathrm{JS}(P_{C_j^s} \| Q_{C_{j-k}}) + \ell_{\cos\theta(x_{i,j}^s, x_k^t)} \\ v = \sum_{j=1}^{m}\sum_{k=1}^{n} Z_{j-k} \\ \rho = \overline{v} \end{cases} \tag{5-26}$$

其中，Z 表示每对源域和目标域间分布相似性和任务相似性之间的损失之和。

在进行源域筛选后，有必要对满足阈值要求的源域设置权重，以根据源域与目标域间的相似程度进行有侧重的知识迁移。域间权重 ω 设置为

$$\omega = \overline{Z}_{j-k} \tag{5-27}$$

得到的源域分类损失可以表示为

$$\ell_{\text{cls}}^{j}(D_s^j;H_j(F(x_{i,j}^s)),C_j^s)=\sum_{\{x_{i,j}^s,y_{i,j}^s\}\in D_s^j}\omega L_s^j(C_j^s(H_j(F(x_{i,j}^s))),y_{i,j}^s)\quad(5\text{-}28)$$

3. 域间分布对齐

在 5.2 节的基础上，本节添加多个目标域进行多源到多目标域的局部特征对齐。全局分布对齐和局部分布对齐的原理图如图 5-5 所示。为了使多源和多目标域中的相关子域对齐，将局部最大平均差异损失表示为

$$\begin{aligned}\ell_{\hat{d}_l(p_j,q_n)}=\frac{1}{C}\sum_{c=1}^{C}\Bigg[&\sum_{i=1}^{n_s}\sum_{k=1}^{n_t}\omega_{c,i}^{s,j}\omega_{c,m}^{s,k}\kappa(Z_{l,i}^{s,j},Z_{l,m}^{s,k})+\sum_{i=1}^{n_s}\sum_{k=1}^{n_t}\omega_{c,i}^{t,j}\omega_{c,m}^{t,k}\kappa(Z_{l,i}^{t,j},Z_{l,m}^{t,k})\\&-2\sum_{i=1}^{n_s}\sum_{k=1}^{n_t}\omega_{c,i}^{s,j}\omega_{c,m}^{t,k}\kappa(Z_{l,i}^{s,j},Z_{l,m}^{t,k})\Bigg]\end{aligned}\quad(5\text{-}29)$$

其中，n_s 为源域中的标记样本；n_t 为目标域中的无标记样本；Z_l 为第 l 层的激活函数；核 κ 表示 $\kappa(x_{i,j}^s,x_k^t)=\left\langle\phi(x_{i,j}^s),\phi(x_k^t)\right\rangle$。

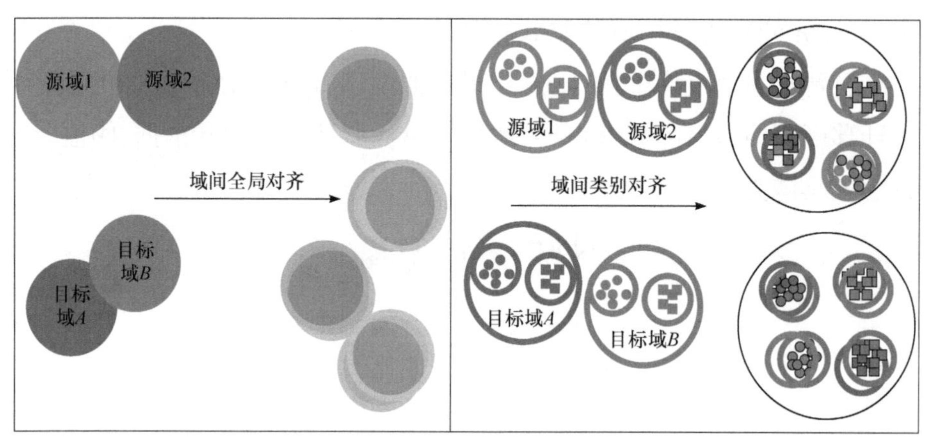

图 5-5 全局分布对齐和局部分布对齐的原理图

4. 域间互学习机制

域间互学习机制不仅包括源域间的相互学习，也包括目标域间的相互学习。若模型不包括源域间的互学习，则当多个源域对相同目标域进行学习时，决策边界的分类误差会影响迁移性能，导致分类精度降低。若模型不包含目标域之间的互学习，则目标域间的分布差异会使得源域难以训练出唯一合适的分类模型。同时开展源域间、目标域间互学习，不仅可以优

化多个域间决策边界的分类差异，也可通过减少目标分布间分类差异训练出适合目标域的模型。

在多源到多目标域迁移的场景中，各源域决策边界附近的目标样本更有可能被源分类器错误分类。同时，由于分类器是在不同源域上训练得到的，它们对域边界上的目标样本的预测可能存在误差。因此，为了减小分类差异，需要最小化所有分类器之间的差异，有必要以测度的形式对源域分类器之间的差异性进行度量，即

$$\ell_{\text{dis}}(C_j^k, C_{j+1}^k) = \frac{2}{N(N-1)} \sum_{j=1}^{N-1} \sum_{i=j+1}^{N} L_{\text{dis}}[C_i(H_i(F(x))) - C_j(H_j(F(x)))] \quad (5\text{-}30)$$

其中，N 为源域的个数。

目标域之间差异过大会导致无法训练得到一个适用于多个目标域的分类模型。为此，需要尽可能缩小目标域之间特征分布的差异。本节设置目标域相互学习损失函数，使目标域之间的特征可以相互学习，从而解决目标域特征分布差异过大、导致模型泛化能力较差的问题。目标域相互学习损失函数可以表示为

$$\ell_{1'}(x_k^t, x_{k+1}^t) = \sqrt{\sum_{j=1}^{n} \sum_{k=1}^{m} (x_{i,j}^s - x_k^t)^2} \quad (5\text{-}31)$$

5.3.2　实验与分析

1. 数据集与实验设计

实验数据集：本节采用 Office-Caltech10 数据集、ImageCLEF-DA 数据集和 Office-Home 数据集对提出的方法进行实验验证。其中，ImageCLEF-DA 数据集较 5.2 节新增一个域，共由 I、P、C、B 四个域组成。数据集配置与 5.2 节相同，此处不再赘述。

实验设置：在相同数据集下，将本节提出的方法与现有主流方法进行精度对比分析。通过对比源域聚合、目标域聚合、源域和目标域均聚合时的分类精度，验证本节所提方法的有效性。本节采用 PyTorch 框架，使用 ResNet-50 作为公共特征提取层。为每个源域设立一个子特征提取器，图

像输入尺寸为 224×224 像素，初始学习率为 0.01，使用随机梯度下降优化器，批量大小均为 16。在 Office-Caltech10 和 ImageCLEF-DA 数据集的训练过程中，均迭代 10000 次，在 Office-Home 数据集的训练过程中，迭代 15000 次。

各数据集参数设置如表 5-13 所示。

表 5-13　各数据集参数设置

参数	Office-Caltech10 数据集	Office-Home 数据集	ImageCLEF-DA 数据集
迭代次数	10000	15000	10000
批量大小	16	16	16
学习率	0.01～0.002	0.01～0.002	0.01～0.002
图像输入尺寸	224×224 像素	224×224 像素	224×224 像素
域个数	4	4	4
类别	10	65	12
样本数量	2533	15588	2400

2. 实验结果对比分析

为验证本节方法的性能，将其与现有的主流方法进行分类精度对比分析。从表 5-14～表 5-16 可以看出，本节所提方法均具有良好的分类精度。选取的现有主流方法是多特征空间自适应网络(multi feature space adaption network，MFSAN)方法[16]，采用 ResNet-50 进行网络训练，并通过两阶段对齐法实现域自适应。本节将两个域的数据聚合作为其目标域进行训练，其分类精度高于 MFSAN，主要是因为 MFSAN 方法并不适用于多源到多目标域的场景。本节方法既避免了多源聚合下公共特征提取困难的问题，也避免了多目标域聚合下由目标域的不匹配导致性能下降的问题。

表 5-14　ImageCLEF-DA 数据集上本节方法与 MFSAN 分类精度对比 (单位：%)

方法	B、C-P、I	B、P-C、I	B、I-P、C	C、I-P、B	C、P-B、I	I、P-B、C	平均值
MFSAN	84.0	93.0	85.0	71.0	79.0	78.0	81.7
MSMTDA	85.0	94.5	87.5	71.5	79.5	79.5	82.9

表 5-15　Office-Caltech10 数据集上本节方法与 MFSAN 分类精度对比（单位：%）

方法	D、A-C、W	D、C-A、W	D、W-A、C	A、C-D、W	A、W-C、D	C、W-A、D	平均值
MFSAN	94.0	95.0	93.0	95.0	94.0	95.0	94.3
MSMTDA	96.0	97.5	94.0	99.0	95.4	96.0	96.3

表 5-16　Office-Home 数据集上本节方法与 MFSAN 分类精度对比（单位：%）

方法	A*、C*-P*、R*	A*、R*-P*、C*	A*、P*-C*、R*	P*、R*-A*、C*	P*、C*-A*、R*	C*、R*-A*、P*	平均值
MFSAN	74.0	66.0	65.0	60.0	71.0	74.0	68.3
MSMTDA	75.0	71.0	70.5	65.0	72.0	75.5	71.5

为验证本节方法的有效性，针对不同数据融合方式在 ImageCLEF-DA、Office-Caltech10、Office-Home 数据集上分别开展模型训练与测试工作，分类精度对比如表 5-17～表 5-19 所示。

表 5-17　不同数据融合方式下 ImageCLEF-DA 数据集上分类精度对比（单位：%）

方法	B、C-P、I	B、P-C、I	B、I-P、C	C、I-P、B	C、P-B、I	I、P-B、C	平均值
目标域聚合	77	94	85	71	78	78	80.5
源域聚合	84	93	86.5	70.5	76	77	81.16
源域、目标域均聚合	83	93	87	68	78	77	81
MSMTDA	85	94.5	87.5	71.5	79.5	79.5	82.9

表 5-18　不同数据融合方式下 Office-Caltech10 数据集上分类精度对比（单位：%）

方法	D、A-C、W	D、C-A、W	D、W-A、C	A、C-D、W	A、W-C、D	C、W-A、D	平均值
目标域聚合	93	96.5	93	98	92	94	94.4
源域聚合	93	96.5	93.5	97.5	92	93.5	94.3
源域、目标域均聚合	94.5	96	93.5	97	93.5	93.5	94.7
MSMTDA	96	97.5	94	99	95.4	96	96.3

表 5-19　不同数据融合方式下 Office-Home 数据集上分类精度对比（单位：%）

方法	A*、C*-R*、P*	A*、R*-P*、C*	A*、P*-C*、R*	P*、R*-A*、C*	P*、C*-A*、R*	C*、R*-A*、P*	平均值
目标域聚合	71	69.5	69.5	61	68.5	73	68.8
源域聚合	71	68	69	61.5	68	74	68.6

续表

方法	A*、C*-R*、P*	A*、R*-P*、C*	A*、P*-C*、R*	P*、R*-A*、C*	P*、C*-A*、R*	C*、R*-A*、P*	平均值
源域、目标域聚合	72.5	68	70	61	68	73.5	68.8
MSMTDA	75	71	70.5	64	70	75.5	71

源域聚合是将各个源域样本聚合到同一个域中，构成目标域向单个源域学习标签信息的场景。目标域聚合是源域直接对聚合后的目标域进行迁移。源域、目标域聚合是源域和目标域分别聚合在一起，转换为单源到单目标域的迁移。可以看出，本节方法在三种数据集中表现良好。这是由于当源域和目标域均聚合时，各域间均存在较大分布差异，提取公共特征困难，难以训练适用于目标域的分类器，使得分类精度变低。当源域聚合时，数据分布差异过大，聚合后的源域均难以提取到公共特征，导致负迁移。当目标域聚合时，难以训练适用于所有目标域的模型，且迁移性能较差。本节方法得到的分类精度最高，这表明模型不仅解决了多源聚合中提取公共特征困难以及产生负迁移的问题，也解决了多个目标域间彼此特征分布不同造成的目标域模型训练困难问题，并通过互学习机制有效优化了模型，提高了分类性能。

5.4 本章小结

针对多源聚合下同时提取域不变特征较困难而造成分类精度不高的问题，通过伪标签、语义信息的一致性对无标签数据进行自监督任务训练与对齐优化，构建新的优化损失函数，减少多域公共类别的分类差异，并基于少样本大权重的原则设置权重，提高模型的分类性能。与多个主流方法进行对比，本章方法都取得了较好的效果。同时，针对多源到单目标域迁移中分类器融合决策复杂以及模型计算量大的问题，本章提出了一种序贯式多源域自适应方法。首先，基于域间数据分布差异性提出了源域顺序排列机制，以便目标域与源域进行域自适应，解决目标域不同迁移顺序下分类性能差异较大的问题。然后，提出了多域特征局部对齐法则进行域间的类别对齐，并设计样本权重因子的自适应调节策略，解决样本不均衡下分类精度较低的问题，在三种数据集上与现有的主流方法相比均取得了良好的效果。最后，针对多源到多目标域迁移难问题，提出了一种基于相似性度量的多源到多目标域自适应方法。为解决域间特征分布及任务分布的相似性被忽略而导致分类精度不高的问题，提出了域间相似性度量机制进行可迁移源域的筛选，利用筛选得到的源域与目标域实现类别对齐，进而利用域间互学习机制对其进行优化。实验结果验证了该方法的有效性。

参 考 文 献

[1] Long M S, Wang J M, Ding G G, et al. Transfer feature learning with joint distribution adaptation. Proceedings of the IEEE International Conference on Computer Vision, Sydney, 2013: 2200-2207.

[2] Misra I, van der Maaten L. Self-supervised learning of pretext-invariant representations. Proceedings of the IEEE/CVF Conference on Computer Vision and Pattern Recognition, Seattle, 2020: 6706-6716.

[3] Bartlett P L, Mendelson S. Rademacher and Gaussian complexities: Risk bounds and structural results. Journal of Machine Learning Research, 2001, 3(3): 224-240.

[4] Saenko K, Kulis B, Fritz M, et al. Adapting visual category models to new domains. Proceedings of the 11th European Conference on Computer Vision, Heraklion, 2010: 213-226.

[5] Long M S, Cao Y, Wang J M, et al. Learning transferable features with deep adaptation networks. Proceedings of the 32nd International Conference on Machine Learning, Miami, 2015: 97-105.

[6] Tzeng E, Hoffman J, Saenko K, et al. Adversarial discriminative domain adaptation. Proceedings of the IEEE Conference on Computer Vision and Pattern Recognition, Honolulu, 2017: 7167-7176.

[7] Ganin Y, Lempitsky V. Unsupervised domain adaptation by backpropagation. Proceedings of the 32nd International Conference on Machine Learning, Miami, 2015: 1180-1189.

[8] Long M S, Zhu H, Wang J M, et al. Deep transfer learning with joint adaptation networks. Proceedings of the 34th International Conference on Machine Learning, Sydney, 2017: 2208-2217.

[9] Saito K, Watanabe K, Ushiku Y, et al. Maximum classifier discrepancy for unsupervised domain adaptation. IEEE/CVF Conference on Computer Vision and Pattern Recognition, Salt Lake City, 2018: 3723-3732.

[10] Xu R J, Chen Z L, Zuo W M, et al. Deep cocktail network: Multi-source unsupervised domain adaptation with category shift. IEEE/CVF Conference on Computer Vision and Pattern Recognition, Salt Lake City, 2018: 3964-3973.

[11] Zhao H, Zhang S H, Wu G H, et al. Adversarial multiple source domain adaptation. Proceedings of the 32nd International Conference on Neural Information Processing Systems, Montreal, 2018: 8559-8570.
[12] Zhao S C, Wang G Z, Zhang S H, et al. Multi-source distilling domain adaptation. Proceedings of the AAAI Conference on Artificial Intelligence, New York, 2020: 12975-12983.
[13] Peng X X, Bai Q X, Xia X D, et al. Moment matching for multi-source domain adaptation. IEEE/CVF International Conference on Computer Vision, Seoul, 2019: 1406-1415.
[14] Zhu Y C, Zhuang F Z, Wang J D, et al. Deep subdomain adaptation network for image classification. IEEE Transactions on Neural Networks and Learning Systems, 2021, 32(4): 1713-1722.
[15] Roy S, Siarohin A, Sangineto E, et al. TriGAN: Image-to-image translation for multi-source domain adaptation. Machine Vision and Applications, 2021, 32(1): 1-12.
[16] Zhu Y C, Zhuang F Z, Wang D Q. Aligning domain-specific distribution and classifier for cross-domain classification from multiple sources. Proceedings of the AAAI Conference on Artificial Intelligence, Hawaii, 2019: 5989-5996.